明天，要吃什麼好呢？

松浦彌太郎的私房美味手札

明日、何を作ろう

松浦彌太郎 著
葉韋利 譯

料理，是用創意做的

發明釦子跟釦眼這個點子的，不確定是誰。不過，我最喜歡這個故事了。回溯歷史發現，釦子當初是被當作裝飾品，並不是用在衣物上，那時候，人們用在衣服上的是綁繩。有一天，突然有個人想到在衣服上開個釦子洞，扣上釦子，就成了方便好用的工具。其他人看到之後也跟著模仿……一傳十、十傳百，就流傳開了，直到現在。或許因為不確定當初是誰發明的，釦子和釦眼並沒有專利權。

再講個類似的小故事，例如，長褲的褲管反折兩折。先是有個人在下雨天怕褲管沾濕而折起來，其他人看到之後覺得很不錯，仿效之下就出現了褲管反折兩折的流行穿法。當然，反折兩折的褲管也沒有專利。

仔細想想，日常生活中到處都隱藏著發明的種子呢。

於是，我心想，料理應該也潛藏了發明的種子吧。前幾天，我自創了個好點子。

有一道方便的便當菜——番茄醬炒小熱狗。這道料理很簡單，只要以平底鍋將熱狗淋上番茄醬一起炒就可以了。問題是，幾乎每次一加入番茄醬，醬汁就會在受熱下飛濺，眼看著醬汁濺出來，只能趕緊蓋上鍋蓋，手忙腳亂之際，番茄醬就燒焦了。到最後也搞不清楚究竟是做得好還不好，總之，起鍋的是一道美中不足的醬炒小熱狗。我好討厭這個結果。於是，我想了想。不如把炒得恰到好處的小熱狗，倒進裝有番茄醬的調理盆裡拌勻就好？

這麼一來，醬汁不會飛濺，不必搞得手忙腳亂，更重要的是，做出來的番茄醬拌小熱狗美觀且美味。

我想，一定有很多人遇到和我同樣的問題，於是就把作法公布在「生活的基本」網站上。萬一有人說「這我早就知道了！」那我可真的無話可說了。不過，對我自己而言，的確是一項「發明」。

——松浦彌太郎

主食

日式菜色

西式菜色

點心

・短文

關於「生活的基本」

所謂基本，就是可以一再使用，每次使用都很愉快，
並且愈用愈精練的事物。

為了今天的生活。
以及為了未來的生活。

即使時代演變，也絕不褪色，
傳遞真正想知道、有價值的基本觀念，
記錄下食衣住行等生活中所需要的各項基本。

這就是「生活的基本」。
讓你的生活變得更充實快樂。

本書內容由網站「生活的基本」中自二〇一五年七月～二〇一七年一月刊載食譜中選出六十六項，收錄成書。

設計
櫻井 久
中川亞由美（櫻井事務所）

攝影
松浦彌太郎
木村 拓（P.157）
田中真唯子（P.15）
元家健吾（P.39）

主食

溫和、小巧、輕輕柔柔
飯糰

比起漂漂亮亮的三角形，我更喜歡捏得輕輕柔柔、圓滾滾的飯糰。比起乾爽清脆的海苔，我喜歡的是將整顆飯糰包起來、帶點濕潤的海苔。捏飯糰的訣竅就在於事前準備。白飯、海苔、配料、水、鹽，還有飯糰捏好之後擺放的空間。為了料理時更順手，避免慌亂，事前一定要做好準備。

再來，就是用鹽調味的鹹淡、捏製時的力道，還有捏出來的形狀大小。雖說要輕巧，但若是太輕的話，一咬下去就會散掉。至於大小，半碗飯的份量差不多吧。方便捏、方便吃，捏得稍微小一點。最後邊捏邊唸著「要變好吃哦！」就行了。

●材料（4顆份）

米……200g
鹽……適量
醃梅乾……適量（去籽）
海苔片……適量

●作法

1 將米煮成白飯。把剛煮好的白飯，以半碗為一顆飯糰的份量分好，排放在砧板或調理盤上。

2 雙手手掌用水沾濕，在食指指尖上沾點鹽，平均抹在掌心上，拿起一顆飯糰量的白飯鋪在掌心。

3 用手指在白飯中央輕輕按一下，再用筷子夾顆醃梅乾放進去。接著，不要用力，輕輕捏2～3次，將飯糰捏成圓圓的形狀。

4 每一顆飯糰都捏好之後，外層包上海苔，即大功告成。

用海苔片包飯糰時，多餘的部分就用剪刀剪掉。剪掉的海苔還可以繼續用在其他飯糰上。

微小的發明
番茄醬拌小熱狗

番茄醬炒小熱狗，這道菜可以說是從小孩到大人都喜歡，也是經典的便當菜。最美味的番茄醬炒小熱狗，該怎麼做才好呢？每次番茄醬在平底鍋裡總會受熱後噴濺，讓人苦惱，該如何避免呢？料理之後的清掃工作很辛苦，小熱狗也很容易炒得太老，甚至燒焦。就算關了火，醬汁還是會飛濺。

其實，要將小熱狗炒得恰到好處，同時又能保持番茄醬的風味，要在兩者配合條件下呈現美味，並不困難。我想到一個能夠兼顧這幾點的食譜，雖然是很小的發明，仍然想介紹給大家。而且即使放涼了，也很好吃唷。

●**材料**（方便製作的份量）

小熱狗……5根
沙拉油……少許
番茄醬……2大匙
蜂蜜……1小匙
伍斯特醬……1/2小匙

●**作法**

1 將番茄醬、蜂蜜、伍斯特醬預先在調理盆裡拌勻。
2 用刀在小熱狗表面斜劃幾刀。
3 在平底鍋內倒入沙拉油，用小火熱鍋後，放入小熱狗，蓋上鍋蓋，炒3分鐘左右。
4 搖晃平底鍋，把小熱狗炒熟且變得微焦上色。
5 將炒好的小熱狗倒入步驟1的調理盆內拌勻即完成。

＊番茄醬不入鍋加熱，就不會飛濺，小熱狗也不會煎過頭，非常好吃。刻意不用鹽、胡椒調味，才能突顯番茄醬的鮮甜。

多汁的小熱狗和香甜的番茄醬非常搭調。

一次大滿足的口味

火腿三明治

火腿三明治裡絕對少不了小黃瓜。我試過搭配萵苣、蛋、番茄、芝麻葉、鮪魚等各式各樣的材料，發現還是加小黃瓜最好吃。然後，火腿和小黃瓜都跟奶油乳酪很搭。我試過奶油、美乃滋、在奶油乳酪裡加咖哩粉，還有芥末醬、蜂蜜等等，覺得還是奶油乳酪的味道最好。火腿三明治的美味就是這麼簡單。

好吃的重點沒別的，就是吐司要用薄的才好，然後火腿夾多一點。奶油乳酪記得用量要足夠，要將整片吐司塗得滿滿的。吐司要切邊，餡料夾滿不留縫隙。夾好之後壓實，固定好餡料與吐司麵包。因為份量十足，只吃一塊也能大大滿足。

●**材料**（2人份）

吐司麵包（薄片）……2片
奶油乳酪……適量
火腿（種類隨個人喜好）……4片
小黃瓜……半根

●**作法**

1 小黃瓜斜切薄片。
2 火腿片切半備用。
3 將預先放到回溫的奶油乳酪塗滿2片吐司麵包。記得連邊邊都要塗到。
4 依照小黃瓜、火腿、小黃瓜的順序，放在吐司麵包上，再用另一片吐司夾起來。
5 用另一個稍微重一點的盤子等器物，壓在三明治上方約10分鐘後，切掉麵包邊，再切成1/4的正方形即完成。

1人份等於有2塊的份量，是美味又令人滿足的火腿三明治。

今天的點心
拿坡里義大利麵

點心吃個拿坡里義大利麵如何？仔細切成小丁的洋蔥、青椒，加上火腿，用番茄醬炒得甜甜的。拿一只喜歡的盤子，夾兩、三口麵條，像盛蛋糕一樣優雅裝盤。

依照我這種吃法就會發現，其實，拿坡里義大利麵真的可以當作香甜又好吃的點心。

●材料（2～3人份）
義大利麵……100g
洋蔥……1/4顆
青椒……1個
里肌火腿……2片
番茄醬……4大匙
橄欖油……1大匙
鹽……適量

●作法
1 在鍋子裡倒入2公升水，用大火煮沸。
2 洋蔥沿著纖維切成1公分小丁，青椒去蒂、去籽，切成1公分小丁，火腿片切半之後，也切成1公分小丁。
3 水煮沸後，加入1大匙鹽，將義大利麵以放射狀加入鍋中。用調理筷輕輕將麵條撥入沸水中，調整爐火，保持沸騰但不溢出的狀態。煮麵的時間可參考包裝袋上的標示，但可以煮得再軟一點。
4 平底鍋以中火熱鍋。倒入橄欖油，將洋蔥炒到透明。之後再加入青椒迅速拌炒。
5 最後加入火腿，稍微炒一下上色。洋蔥炒到軟之後，加入番茄醬、義大利麵的煮麵水2大匙，拌勻之後關火。
6 加入煮好的義大利麵，將麵條和其他配料拌勻。不需再炒過，只要稍微拌一下就可以。最後用鹽調味即完成。

早餐、點心都適合

麥片

當初為了素食者住院的伙食而設計出的麥片，作法是以高營養價值的燕麥為基底，拌入楓糖糖漿或橄欖油，用烤箱烘烤而成。另外還可以依個人喜好加入堅果、果乾，搭配鮮奶、優格一起吃。營養豐富，對身體又好，是很受歡迎的一道早餐。燕麥是很健康的食物，含有豐富的維他命、礦物質及膳食纖維。

麥片的作法很簡單。只要將材料拌勻後，放進烤箱就行了。在烤的過程中要攪拌一下，攪拌時打散的話，烤好的麥片會粒粒分明。如果只是稍微拌一下，有些地方就會結塊，像小餅乾。但，其實這些小塊狀才好吃呢。

在烘烤過程中花點心思攪拌，再搭配喜愛的果乾、堅果、香料，就能調配出自家口味的獨門麥片，也是樂趣所在。請大家一定要試試看，在家裡自製麥片，真的樂趣無窮。

●材料（方便製作的份量）

燕麥……240g
米粉（麵粉亦可）……70g
甜菜糖……100g
麻油……30g
橄欖油……30g

●作法

1 將所有材料放進調理盆裡，攪拌均勻。
2 在烤盤上鋪好烘焙紙，將材料平鋪在紙上。
3 烤箱設定180度，烤15分鐘。
4 之後將溫度調降到170度，再烤10分鐘，將黏在烤盤上的麥片鏟起來翻拌。
5 再以170度烤10分鐘。共計烘烤時間是35分鐘。
6 烤好之後在烤箱中靜置30分鐘左右放涼即完成。餘熱能讓麥片變得酥脆。

可依個人喜好加入堅果、果乾，搭配鮮奶、豆漿或優格一起吃。淋上熱豆漿，口味會變得更柔和。

巴黎的美國人

在巴黎吃到的法式熱狗堡

講到熱狗堡，大家都會想到美國的經典小食。在麵包裡夾根熱狗，淋上大量番茄醬和黃芥末享用。這樣的熱狗堡，到了巴黎之後，番茄醬會變成乳酪。時髦又美味，這就是法式熱狗堡的魅力。

這道法式熱狗堡簡直就像具有巴黎風雅品味的美國人。在烤得酥脆的棍子麵包裡夾入鮮嫩多汁的熱狗，淋上奶油、乳酪搭芥末籽，這等美味令人無法抗拒。即使是喜歡美式熱狗堡的人，咬一口法式熱狗堡，保證也會大為驚豔，然後忍不住說：「來杯紅酒吧！」

●材料（2人份）

棍子麵包……適量
格魯耶爾乳酪……60g
熱狗……2根
芥末籽醬……適量
無鹽奶油……適量

●作法

1 將棍子麵包橫切一半，熱狗表面以刀劃出交叉切痕後，塗上奶油。

2 將燙熟的熱狗夾入麵包，蓋上磨碎的格魯耶爾乳酪，然後塗上芥末籽醬，再撒上一層格魯耶爾乳酪。乳酪1人份用30g，份量十足。

3 以烤魚的烤爐或小烤箱，烤2分鐘左右即完成。

奶油加上格魯耶爾乳酪，以及芥末籽醬，非常有巴黎的味道。作法簡單也是熱狗堡的魅力之一。

平淡的美味

咖哩飯

咖哩飯的作法，愈是講究當然味道愈好，但總不免覺得和自己真正想吃的口味似乎愈來愈遠。

沒錯！我想吃每天吃不膩、就像味噌湯一樣家常口味的咖哩飯。這些年來，就連在家裡做的咖哩飯都朝複雜多樣、精緻美食的方向發展，要做一份平凡簡單的咖哩飯，可能沒那麼容易了。

吃第一口雖然覺得清淡，但細細品味，會愈吃愈好吃，重點是最後一口最好吃，我想要這樣的咖哩飯。也可以說像是有大量蔬菜的咖哩湯，淋上大量醬汁就可以配飯吃。

啊！我想吃的咖哩飯，不是美食級的調味，而是這種蘊含著滿滿愛心的口味。用簡單的高湯或是一般的湯底來做都可以。在口中清爽的餘韻也令人驚喜。

●**材料**（4人份）

豬肉片……200g
馬鈴薯……3顆
咖哩粉……2大匙
洋蔥……1顆
紅蘿蔔……1根
月桂葉……1片
大蒜……1瓣
鹽……少許
奶油……3大匙
黑胡椒……少許
麵粉……3大匙
高湯……800cc
伍斯特醬……2大匙
（作法可參考P100）

●**作法**

1 在豬肉片上撒一撮鹽和黑胡椒。

2 將洋蔥切成粗末，馬鈴薯和紅蘿蔔切成小丁。大蒜用菜刀拍碎切成末。

3 以中火熱鍋，加入奶油融化後，先炒豬肉，然後依序加入洋蔥末、馬鈴薯、紅蘿蔔、蒜末。

4 用中火拌炒所有材料5分鐘後，撒入麵粉，再用小火炒勻。

5 在鍋子裡加入高湯，煮沸之後，撈掉雜質浮泡。

6 加入咖哩粉、伍斯特醬、月桂葉，蓋上鍋蓋，以小火燉煮30分鐘。

7 以鹽、胡椒調味後即完成。

再來一份炒麵

醬汁炒麵

炒得焦香，甚至表面有點酥脆的麵條，裹上美味的醬汁，再搭配其他食材，真是恰到好處的口感。最好吃的不是第一口，而是最後一口，那時會忍不住想大喊：「再來一份！」想不想來一份這樣的極品醬汁炒麵呀？

好吃的訣竅只有三項：要把麵條完全撥開，煎得酥脆。另外，醬汁由自己調配。最後，配料先汆燙過，之後拌入。

有中式炒鍋就方便了，但以平底鍋來做也可以。從頭到尾都要用「大火」。萬一覺得快燒焦了，就把鍋子拿離爐火，藉此調整。由於醬汁的口味比較重，其他配料稍微汆燙過即可。

●材料（1人份）

炒麵用的蒸煮麵……1人份（約150g）

豆芽……25g

紅椒……10g

豬肉片……40g

醬汁的材料

中濃醬……2大匙

伍斯特醬……2大匙

番茄醬……1小匙

白胡椒……少許

●作法

1 先用手將麵條一條一條撥散。

2 將醬汁材料混合均勻。

3 在中式炒鍋內加入1大匙沙拉油，以大火熱鍋。

4 維持大火加熱下加入麵條，煎到微焦翻面，兩面煎到上色後先撈起來。

5 在大火加熱的炒鍋裡加水煮沸，再加入去根的豆芽、切薄片的紅椒，以及切絲的豬肉，汆燙約1分鐘後撈起。

6 在大火加熱的炒鍋裡加入1匙沙拉油，再加入麵條。淋上醬汁後稍微拌勻，讓麵條吸收醬汁。

7 在炒好的麵條裡再加入豆芽、紅椒和豬肉絲，拌勻之後即完成。

宛如佛跳牆般美味

牛肉蓋飯

作法簡單，卻好吃得不得了。這就是使用做壽喜燒的薄肉片，以基底醬汁煮得甜甜鹹鹹的正統牛肉蓋飯。吸飽醬汁的洋蔥鮮甜，有如畫龍點睛。自家也能做出這麼好吃的牛肉蓋飯，令人驚訝。

據說中菜裡有一道高級湯品叫做「佛跳牆」，意思是實在太香太好吃，連修行人都忍不住翻牆來吃。這道牛肉蓋飯也有異曲同工之妙。

●材料（2人份）

牛里肌薄片……150g
洋蔥……100g（1小顆）
鴨兒芹……適量
味醂……100cc
日本酒……2大匙
醬油……3大匙

●作法

1 製作基底醬汁。在鍋子裡倒入味醂、日本酒，用中火煮沸。

2 將鍋子從爐火上移開，等到完全放涼後，再加入醬油，均勻混合後完成。

3 洋蔥切成5公釐左右的薄片。鴨兒芹只留下葉片備用。

4 將1片牛肉切半。

5 在平底鍋中倒入基底醬汁，以中火加熱，並放入洋蔥。

6 等到洋蔥煮到透明，加入牛肉。在中火加熱下，一片一片依序加入，翻面後煮到全熟。

7 在盛好的白飯上鋪上牛肉與洋蔥，再依個人喜好淋上湯汁。

8 撒幾片鴨兒芹的葉片就完成。趕緊趁熱吃。

材料只有牛里肌肉、洋蔥和鴨兒芹。簡單，就是美味的祕訣。

基本調味
烏龍麵湯底

大家在做烏龍麵的湯底時，都怎麼調味？烏龍麵的好吃在於麵體本身的口味與嚼勁，但如果湯底的味道好，就能更添美味。來學學基本的湯底作法。

基本口味的烏龍麵

這裡介紹的是湯汁鮮美、最簡單的清湯烏龍麵。由於口味清淡，建議可依個人喜好撒點辣椒粉。如果想品嘗原味，也可以不加其他配料。

●材料（方便製作的份量）

柴魚昆布高湯……300cc　味醂……2小匙
淡味醬油……1大匙　蔥……適量

●作法

1 將所有材料放進鍋子裡。煮沸之後，加入一球燙熟的烏龍麵一起煮。

2 蔥白切成細絲，鋪在烏龍麵上即完成。

柴魚昆布高湯

●材料（方便製作的份量）

水……1公升
昆布……1片（大約是20公分X10公分）
柴魚片……1把（最好是現刨的，約20g）

●作法

1 現刨柴魚片。也可以使用現成市售品，不過現刨的香氣更好。刨下來的柴魚片會帶點粉末，可以用篩子將粉末輕輕篩掉之後再使用。

2 用乾的棉布輕輕擦拭昆布表面。昆布上的白色粉末是鮮味的來源，小心不要擦掉。

3 在加了水的鍋子裡放入步驟2的昆布。浸泡最少30分鐘，如果能泡上超過1小時最理想。

4 將步驟3的鍋子以中火加熱。在快要煮沸之前加入柴魚片。然後立刻調成小火，在不要煮沸的狀態持續加熱1分鐘後關火。

5 等到柴魚片沉到鍋底後，在濾網上鋪一張廚房紙巾，過濾出高湯即完成。

雙重的美味
肉醬義大利麵

牛絞肉、洋蔥、大蒜，用紅酒、番茄慢慢燉煮，就能完成風味絕佳的肉醬。這道肉醬可以搭配各種料理，但最好吃的當屬肉醬義大利麵。

吃法要像這樣。首先，把肉醬跟義大利麵拌勻。其實光是這樣就已經好吃得不得了。接下來，在義大利麵上繼續淋灑大量肉醬。這種把麵條混進肉醬裡的安全感和喜悅，會讓人忍不住大力鼓掌。這次介紹的就是雙重肉醬的美味。

● **材料**（方便製作的份量）

牛絞肉……600g
洋蔥……1顆
大蒜……1瓣
紅酒……200cc
水煮番茄罐頭（400g）……2罐
橄欖油……2大匙
月桂葉……1片
鹽……1小匙

● **作法**

1 洋蔥、大蒜切末。
2 在鍋子裡倒入橄欖油，以中火爆香洋蔥、大蒜。
3 洋蔥炒到透明之後，加入牛絞肉，以小火慢炒20分鐘左右。
4 加入紅酒，繼續以小火燉煮約20分鐘。
5 加入罐頭裡的水煮番茄（如果是整顆的話，要預先用手捏碎）和鹽，繼續燉煮20分鐘。
6 加入月桂葉，攪拌均勻後即完成。
7 把煮好的義大利麵放進碗裡，加入少量肉醬拌勻。
8 把拌過肉醬的義大利麵盛到預熱的盤子裡，再依喜好的量淋上肉醬，就可以大快朵頤了。

肉醬放一晚會更加入味好吃。這道肉醬可以運用在千層麵、焗烤通心粉、歐姆蛋及可樂餅等各式料理上。

簡單卻無敵好吃
豪華乳酪吐司

想吃個點心，或是喝酒時下酒，來份無敵好吃的乳酪吐司如何？介紹一道我在紐約熟食店學到的食譜。好吃的關鍵就在於要使用兩種乳酪，以及塗上大量法國芥末籽醬。記得，一做好，熱呼呼，趁乳酪融化時趕快吃。一吃就上癮。

●材料（2人份）

吐司麵包……2片

乳酪（依個人喜好的2種）……適量

這次用的是切達和格魯耶爾。

法式芥末籽醬……適量

●作法

1 吐司麵包切邊。

2 乳酪切成2～3公釐的薄片。

3 在吐司麵包的一面塗滿大量法式芥末籽醬，接著鋪上乳酪，蓋上另一片吐司麵包。

4 用熱三明治機烤好，切開後即完成。要吃的時候可以擠一點檸檬汁。

5 用平底鍋煎的話，鍋子倒一點沙拉油，兩面各煎約2分鐘後，蓋上鍋蓋，用小火烤一下，到雙面上色即完成。

這是一道口味濃郁的乳酪吐司，很適合搭葡萄酒。

番茄蓋番茄飯

番茄飯

我用了整顆番茄做番茄醬汁，結果非常好吃。試吃一兩口時，覺得香甜，又帶著恰到好處的酸味，像在吃沙拉一樣。我想，如果用這個番茄醬汁來做番茄飯一定很棒，果然押對了寶！然後，我又嘗試在番茄飯上淋點番茄醬汁，好吃到我覺得這根本是自己的一大發明。

在熱呼呼的番茄飯上，像淋咖哩醬般的淋上番茄醬汁，是一種全新的感覺，堪稱是一款為了享用番茄醬汁的番茄飯。大家一定要試試看。

●材料（1人份）

水煮番茄罐頭（400g）……1罐
大蒜……1/2瓣
橄欖油……1大匙
番茄醬……1大匙
白飯……1人份
洋蔥……1/4顆
小番茄……2顆
小熱狗……15g
奶油……適量
鹽……適量
胡椒……適量

●作法

1 先將罐頭中的番茄用食物處理機或是果汁機打成糊狀。

2 大蒜切末。在鍋子裡倒入橄欖油，用小火爆香蒜末後，稍微放涼。

3 在鍋子裡加入番茄糊。加熱時番茄糊會飛濺，記得蓋上鍋蓋，用小火燉煮約30分鐘。最後加入番茄醬，醬汁就完成了。

4 洋蔥切粗末，以及切成一口大小的小熱狗，用奶油在平底鍋上輕炒。

5 加入白飯，再加1大匙番茄醬汁炒飯。加入對半切開的小番茄，用鹽和胡椒調味後，番茄飯就完成了。

6 番茄飯裝盤後，淋上番茄醬汁，就可以開動了！

剩下來的番茄醬汁，可以用在義大利麵、歐姆蛋、披薩吐司以及蛋包飯上。

讓人更喜歡
麻婆冬粉

帶點微辣口味的麻婆冬粉真好吃，是我很喜歡的一道菜。我想把它變得更好吃，而且是用最基本的作法。訣竅就在於炒香豆瓣醬和甜麵醬，但要小心別炒焦。調理時的另一個重點，就是要先準備好所有材料跟調味料。另外，別忘了用來提味的祕密武器——蠔油。這樣就能做出一道即使放一下也好吃的極品麻婆冬粉。

辣度調整得很溫和，連小孩子也可以吃。第一次做的話，請務必依照這個食譜，之後可以視個人喜好的辣度，調整豆瓣醬的用量。

●材料（2～3人份）

冬粉……90～100g
豬絞肉……150g
蔥……10公分
韭菜……1株
水……250cc
甜麵醬……1/2小匙
雞粉……2小匙
薑泥……1小匙
蒜泥……1小匙
豆瓣醬……1/2小匙
醬油……2小匙
沙拉油……2小匙
紹興酒（日本酒亦可）……2小匙
蠔油……2小匙
麻油……1小匙

●作法

1 將蔥切成蔥花。韭菜切成約4公分的長段。
2 將冬粉放進沸騰的水中，煮2分鐘後撈起來，沖水冷卻之後瀝乾水分，切成方便吃的長度。
3 在平底深鍋裡倒入沙拉油，用中火慢炒豬絞肉約3分鐘，邊炒邊撥散。
4 在平底鍋挪出空間加入豆瓣醬和甜麵醬，用小火炒香後，加入薑泥、蒜泥、韭菜，再以中火拌炒所有材料。
5 加入水、雞粉、紹興酒、醬油、蠔油後煮沸。
6 加入冬粉，以大火煮3分鐘左右，讓湯汁收到半乾。
7 加入蔥花、麻油拌勻即完成。

務必照著做
炒飯

我最喜歡吃炒飯。有個更愛吃炒飯的朋友，說他想要好吃炒飯的食譜。因為這樣，我開始研究起炒飯的作法。我希望在維持「基本」之中，做出比一般口味更好吃的炒飯。接下來，就來介紹我的研究成果。

調味真的只需要兩撮鹽，其他就靠食材的原味。炒得香香的玉米，加上鮪魚和蔥就是絕佳風味。請各位不要自行調整，務必照著我的食譜做一次。試試看我家的經典炒飯。

●材料（2人份）

白飯……320g（2碗份）
蛋……1顆
罐頭玉米粒……60g
罐頭鮪魚……50g
蔥……15g（10公分）
鹽……2小撮
白胡椒……少許
沙拉油……2大匙

●作法

1 將罐頭玉米粒瀝乾水分，罐頭鮪魚先把油瀝掉。蔥切成蔥花。
2 用中火熱鍋，倒入沙拉油，倒進打散的蛋液，迅速攪拌。
3 蛋液凝固之後，依序加入玉米、鮪魚、蔥花拌炒均勻。
4 加入白飯，用切拌的方式混合均勻之後，加入鹽，繼續炒乾。
5 白飯與食材充分拌勻，飯炒到顆粒分明之後關火，撒點白胡椒增添香氣，即完成。

一次做2人份就是美味的訣竅。是最後一口比第一口更好吃的炒飯。

餃子煮過之後才煎

好吃的餃子

來做好吃的餃子吧！攪拌餡料，用麵皮包起來，煮成水餃吃。在餃子的發源地中國，講到「餃子」，不是日本一般認為的煎餃，而是水餃。水餃的吃法才是最美味的。好吃的水餃拿來煎也很美味。

●材料（30顆份）

餃子皮……30張
白菜……200g
豬五花肉片……200g
鹽……1/2小匙
黑胡椒……少許
薑汁……1大匙
沙拉油……1大匙
麻油……1大匙

●作法

拌餡

1 在切碎的白菜上撒點鹽（標示份量外），輕輕攪拌。靜置一會兒出水之後，把水擰乾。

2 將豬五花薄片切細，用菜刀剁成絞肉，放進調理盆裡。依序加入黑胡椒、薑汁、沙拉油、麻油、鹽。每次加入一種材料都用手攪拌一下，增加黏度。

3 將白菜加入絞肉，繼續攪拌。愈攪拌愈有味。

包餃子

4 把餡料放在餃子皮中央，將皮對折之後，沾點水把水餃皮中央黏起來。

5 用拇指和食指，把餃子皮的開口按緊，再將兩側折起來，捏出摺子。摺子愈細愈好，但重點是將開口確實封緊。一開始嘗試時，餡料可以包少一點，慢慢就會熟練。

＊包好的餃子別忘了撒一點麵粉，可以避免餃子黏在一起。

下水餃

6 燒一大鍋水，水滾之後加入餃子。下餃子的量視鍋子大小而定，訣竅就是別一次下太多。過程中可用調理筷攪拌，避免餃子黏在一起。

7 在水滾第二次時加入冷水。蓋上鍋蓋，等到再次沸騰，餃子膨脹之後，調整成小火，再煮5分鐘。

8 將水餃瀝乾湯汁後，盛到碗裡。餡料裡的薑味很濃，吃的時候不用特別沾醬料。

濃郁口感，大快朵頤

培根蛋黃麵

帶有乳酪風味、濃郁奶醬的美味培根蛋黃麵，來自羅馬。因為使用了黑胡椒，也被稱為碳烤義大利麵。

原本應該使用傳統義大利的煙燻培根，但一般培根也可以做得很好吃。請記得，義大利麵一煮好就要迅速拌上醬汁，就是一道簡單卻極美味的培根蛋黃麵。

●材料（1人份）

義大利麵……80g

厚切培根塊……50g

醬汁材料

美乃滋……2大匙　鮮奶油……1大匙

蛋黃……1顆　鹽……適量

乳酪粉……1大匙　黑胡椒……適量

●作法

1 培根切1公分厚，再切成1公分寬的條狀。

2 在大調理盆裡加入蛋黃、鮮奶油、美乃滋、乳酪粉，攪拌均勻。

3 煮義大利麵（依照包裝袋上標示的時間）。

4 不用加油，在以中火熱鍋的平底鍋上將培根炒香後，將培根放在廚房紙巾上，吸掉多餘的油分。

5 撈1大匙義大利麵的煮麵水，稍微放涼之後，慢慢加入醬汁中，再加入培根拌勻。

6 把煮好的義大利麵撈起來，瀝乾水分，加入裝有醬汁的調理盆裡，迅速拌勻。

7 裝盤後撒上黑胡椒，就可以趁熱吃了。

基本的配料只加培根，但要加菠菜、鴻禧菇或是蘑菇也可以。

可以當飯吃
法式鹹蛋糕

法式鹹蛋糕是法國的家庭料理，是一種鹹食蛋糕。烤麵包算是大工程，但做鹹蛋糕的話就簡單多了。比方說，晚上先烤好，隔天早上切了，稍微加熱，就是一道感覺時尚的早餐。何不嘗試在早餐或午餐時來道法式鹹蛋糕？

加入麵糊的材料可以是剩下的蔬菜、乳酪、火腿、培根，什麼都可以。也很推薦帶便當唷！這道可以當飯吃的法式鹹蛋糕，建議各位務必試試。

●材料（方便製作的份量）

蛋……2顆　喜歡的乳酪（刨末）
鮮奶……80cc　……50g
低筋麵粉……140g　馬鈴薯（切成短條狀）
泡打粉……2小匙　……1顆
橄欖油……2大匙　培根（切粗末）……50g
鹽……1/2小匙　奶油……適量
黑胡椒……少許

＊使用26公分X12公分的磅蛋糕模。

●作法

1 在調理盆裡將蛋打散，加入鮮奶之後，再加入橄欖油、乳酪、馬鈴薯、培根，攪拌均勻。

2 取另一只調理盆，加入低筋麵粉、泡打粉、鹽、黑胡椒之後拌勻。

3 將步驟2的食材加入步驟1的食材中，用刮杓拌勻。

4 在模型內側塗一層奶油，撒滿低筋麵粉（標示份量外）。

5 將麵糊倒入模型中，拿起整個模型，由上往下敲幾下，讓麵糊裡的空氣排出，放進以180度預熱的烤箱，烤約30分鐘即完成。

烤好之後放個一天，會更好吃。放進冰箱冷藏可保存5天，平常做一條放起來，隨時可以吃，非常方便。材料組合很自由，善用冰箱的剩菜來做吧。

始終喜愛的拿坡里義大利麵

一講到義大利麵，浮現腦海的就是拿坡里義大利麵。甜甜的番茄醬，搭配青椒的些微苦味在嘴裡擴散……從以前到現在，我對拿坡里義大利麵的喜愛絲毫不減。

小時候，每到星期天，一家人經常會到百貨公司裡的大食堂去用餐。在那裡吃到的兒童餐，餐盤一角必定會有一口份量的拿坡里義大利麵。記得大人告訴我這種好吃的橘色麵叫做「拿坡里義大利麵」的時候，我覺得這名字聽起來好酷啊！

「拿坡里」。這大概是，嗯，我想應該是當年五歲的我第一次學會和外國相關的辭彙吧。直到現在，「拿坡里」這幾個字一到嘴邊，我還是感覺有股莫名的雀躍。

長大之後，我到旅居羅馬的伯父家玩時，到了餐廳，伯父問我「想吃什麼？」我想都不想就回答：「拿坡里義大利麵！」畢竟這麼多年來，我的夢想就是來到當地吃吃看正統的拿坡里義大利麵。結果伯父苦笑著說：「拿坡里義大利麵是日本人發明的唷，在義大利拿坡里，並沒有這道料理。

不過，也是有類似的啦，就是拌了番茄醬汁的義大利麵。」

聽到拿坡里義大利麵竟然是源自日本，讓我當場錯愕不已。但我告訴自己，這種事也不少，於是整理好情緒，點了茄汁拌義大利麵。

端上桌的那道正統茄汁義大利麵當然非常好吃。就像服務生說明的，使用新鮮番茄製作，口味豐富濃郁，不禁心想，從來沒吃過這麼棒的番茄醬汁。然而，麵裡頭沒有青椒、洋蔥、火腿這些配料，光是番茄醬汁及義大利麵，還是令人感覺有些空虛。

查了一下，才知道拿坡里義大利麵好像是戰後由橫濱的新格蘭飯店主廚想出的菜色。將茄汁義大利麵配合日本人的喜好，稍微調整過，就成了拿坡里義大利麵。

知道這不是正統的義大利料理之後，接著就想到可以自己做出好吃的拿坡里義大利麵。把煮得稍微軟一點的義大利麵，拌入用橄欖油炒過的洋蔥、火腿和青椒，最後再加入番茄醬拌勻。這麼喜歡的一道料理，竟然如此簡單，讓人好意外。不過，愈是好吃的菜色，通常作法愈是簡單。

另外，這純粹是我個人的喜好。拿坡里義大利麵與其裝一大盤，我更愛用小盤子盛裝少量，就像吃蛋糕一樣。我超愛這種吃法。與其說是一餐，更像在吃點心。

日式菜色

鋪蓋在飯上

溏心蛋

來做一道經典常備菜，溏心蛋。溏心蛋好吃的祕訣，就在於蛋黃控制到半熟狀態。為此，必須精準掌握煮蛋的時間。

將煮好的蛋，浸泡在加了大蒜提味後鹹鹹甜甜的醬油裡。無論是當作一道菜，或是拿來帶便當，都好吃極了，誠心建議各位一定要試試。

鋪蓋在剛煮好的飯上做成蓋飯，也是一道絕佳美味唷。

●**材料**（方便製作的份量）

蛋……5顆

醬油……100cc

味醂……100cc

砂糖……1大匙

柴魚昆布高湯……100cc（見P29）

大蒜（剁成蒜蓉）……1/2瓣

麻油……適量

●**作法**

1 將冰箱裡的蛋取出，靜置回溫到室溫。

2 製作醃漬醬汁。在鍋子裡倒入醬油、味醂、柴魚昆布高湯、蒜蓉，煮沸之後放涼。

3 用鐵串等尖物，在蛋較鈍的底部刺一個小洞，之後比較容易剝殼。

4 燒一大鍋水，煮沸後，用湯杓將蛋放入滾水中。

5 用中火煮7分鐘後，立刻把蛋撈起來，在冰水裡浸泡10分鐘。

6 用流動的水沖蛋，讓蛋殼收縮。

7 取一只比較深的容器，或是夾鏈袋，把煮好的蛋和醬汁一起倒進去。

8 放在冰箱裡，冷藏浸泡一天即完成。

9 將蛋對半切開，淋點麻油就可以吃。鋪蓋在白飯上，撒點蔥花也很好吃。

＊放在冰箱裡冷藏可保存3天。剩下的醬汁可以用來沾水餃、做紅燒菜，或是加入薑泥當作烤肉醬使用。

奇蹟似的美味

炸雞塊

如果你嗜食炸雞塊，發現竟然只需要基本作法就可以如此美味，或許會很生氣吧。真對不起。

炸雞塊的美味訣竅就在事前醃肉。口味雖然各有喜好，但在這裡介紹給大家的，是我經過反覆嘗試，好不容易才定調的好味道。蒜味薑味都很濃郁，風味絕佳。

●材料（2人份）

雞腿肉……200～500g，2片
檸檬……適量
沙拉油……適量

●醃肉的材料

鹽……1小匙
蛋液……1顆份
薑汁……4小匙
日本酒……2大匙
麻油……4小匙
蒜泥……20g
老抽（一般醬油亦可）……2大匙
薑泥……10g
太白粉……3大匙

●麵衣的材料

太白粉……180g
低筋麵粉……1小匙

●作法

1 除了太白粉之外，在大調理盆中將醃肉的材料先全部加入拌勻。

2 在攪拌好的醃肉材料裡慢慢加入太白粉，仔細拌勻。

3 將雞腿肉的黃色脂肪部分去除後，切成方便食用的大小，醃40分鐘。

4 取另一只調理盆將麵衣材料拌勻。放進醃好的雞肉，裹滿麵衣粉。

5 取一只鍋子或平底鍋，倒入3公分深的沙拉油，放入雞肉，以中火從常溫開始油炸。

6 等到炸油起泡，麵衣炸熟之後，翻面。以調理筷把雞肉夾起來，讓肉接觸到空氣，就會變得酥脆。

7 觀察油炸程度，等到麵衣呈金黃色時，就撈起來放到調理盤，瀝乾多餘的油。擠點檸檬汁，趁熱吃。

我家的常備菜

雞肉丸子

我從小就好愛吃雞肉丸子。可以煮湯，或是用甜甜鹹鹹的醬汁煮，同時也是很棒的便當菜。這次就來介紹我家簡單調味做成的雞肉丸子。

不用醬汁、醬油，也不必沾任何醬料，煎好直接吃，就是最好吃的極品雞肉丸子。帶著薑香的健康口味。一次做起來當成常備菜，想要加菜時非常方便。

●材料（6～8顆份）

雞絞肉……300g
日本酒……1大匙
淡味醬油……1大匙
薑汁……1大匙
鹽……1撮
蛋……1顆
生麵包粉……50g
太白粉……1大匙
洋蔥（大）……1/4顆
麻油……1大匙
麻油（煎肉丸子用）……適量

●作法

1 洋蔥切末。
2 雞絞肉加入酒、淡味醬油、薑汁、鹽之後攪拌均勻。
3 加入蛋液，充分攪拌。
4 加入生麵包粉、太白粉及洋蔥末，攪拌均勻。
5 加入麻油拌勻後，捏成方便食用的丸子。
6 取一只鍋子，倒入200cc的水和50cc的酒，煮滾之後，加入雞肉丸子，以調理筷一邊滾動丸子，煮5分鐘（為了避免丸子碎掉，一開始先靜置，等到表面凝固之後，再以筷子滾動）後，撈到調理盤上放涼。
7 取一只大平底鍋，倒入麻油，調整一下雞肉丸子的形狀，蓋上鍋蓋，以小火將丸子慢慢煎到兩面上色。可依照個人喜好撒點黑胡椒，就可以吃了。

不用任何沾醬，直接吃，最好吃。最適合當作便當菜。

可以做拌飯也可以做飯糰

淡味紅燒羊栖菜

有時候，吃飯想要多一道菜時，多半是想到一小碟紅燒羊栖菜吧。介紹一下我家做的紅燒羊栖菜，口味清爽又好吃。事前不用太多處理，作法簡單，不花時間。一次多做點起來，還可以運用在沙拉、義大利麵、涼拌菜等各種料理上。羊栖菜富含鈣質和膳食纖維，是很健康的食材。

做飯糰時，一顆飯糰可以拌入一小匙的羊栖菜。

●材料（方便製作的份量）

羊栖菜芽（乾燥）……15g
薑……10g
小魚乾……10g
味醂……2大匙
醬油……2大匙
砂糖……1大匙

●作法

1 將乾羊栖菜放進大調理盆裡，換水清洗2～3次。
2 用大量水浸泡羊栖菜約30分鐘，用細網眼的濾網瀝乾水分。
3 薑切成薑末。
4 在鍋子裡加入味醂、醬油、砂糖，用小火煮沸，將砂糖攪拌融化。
5 將羊栖菜加入鍋子裡，用小火煮5分鐘到湯汁收乾後關火。
6 在羊栖菜裡加入薑末和小魚乾拌勻，放涼之後，入味就可以吃了。

薑末帶點微辣，讓尾韻更有風味。除了薑末之外，也可以拌入切碎的脆梅，又是另一種美味。

激發活力、用料豐富的湯品

豬肉味噌湯

來介紹喝一口就讓身心都暖起來的豬肉味噌湯。

我經過多次嘗試，了解到好吃的關鍵就在豬肉及蔬菜的均衡比例。主角就是豬五花肉和蘿蔔。另外一個重點，就是所有材料都同樣切成3公分的長度。請各位照著食譜來做，將能嚐到非常美味，而且吃了之後活力十足的豬肉味噌湯。

●**材料**（4人份）

豬五花肉片（切成3公分長）……350g
蘿蔔（切成3公分長條）……150g
紅蘿蔔（切成3公分長條）……70g
牛蒡（切斜片）……50g
蒟蒻（切成3公分長條）……70g
柴魚昆布高湯（見P29）……800cc
味噌（喜好的種類）……3大匙
麻油……1小匙
韭蔥……適量

●**作法**

1 將蘿蔔、紅蘿蔔、蒟蒻切成同樣大小的條狀。牛蒡切成斜片後，泡水5分鐘，瀝乾水分。
2 將蒟蒻用滾水汆燙3分鐘之後，瀝乾水分。
3 在鍋子裡倒入麻油，加入蘿蔔、紅蘿蔔、牛蒡、蒟蒻，以中火炒5分鐘。
4 在炒好的蔬菜中加入豬肉，拌炒到豬肉變色。
5 在鍋子裡加入高湯，調整成大火。煮沸之後再調成小火，燉煮5分鐘。
6 以一點高湯將味噌化開，加入鍋中，混合均勻後，關火。
7 盛裝到容器裡，撒上大量韭蔥蔥花後即完成。
* 豬肉的湯汁和柴魚昆布高湯搭配起來，風味鮮美絕佳。湯裡的配料拿來配飯，或是配烏龍麵吃，就成了一道美味主食。

加了大量配料的豬肉味噌湯非常營養，而且能夠消除疲勞。

愈嚼愈夠味

炸牛蒡條

在日本，根部細細長長卻很紮實的牛蒡，自古就代表好兆頭，拍打之後煮到軟，做成紅燒菜，是日本年菜中不可缺少的一道。不過，我從小吃到的，卻是母親將拍過的牛蒡用炸的來料理。小孩子多半不愛吃牛蒡，但不知為何，只要做成炸的，就覺得很好吃。「小孩子都愛吃油炸料理。」這是一道充滿母愛的菜色。

口感爽脆的牛蒡，是口味和香氣都很豐富的根莖類蔬菜，愈嚼愈有味。要不要試試看這道炸牛蒡條呢？放涼之後也好吃，因此很適合帶便當，也推薦當作下酒菜。

●材料（方便製作的份量）

牛蒡……200g　淡味醬油……3大匙
香炒芝麻……4大匙　鹽……1/2小匙
醋……1大匙　炸油……適量
低筋麵粉……適量

●作法

1 用棉布將牛蒡洗乾淨之後，以菜刀刀背將外皮刮掉。
2 用研杵或擀麵棍等輕輕將牛蒡拍裂，切成4公分的長段，再用手撕成方便食用的大小。
3 在鍋子裡倒入水，加醋和鹽燒開，放入牛蒡氽燙1分鐘後，撈到調理盤上。
4 用研缽將芝麻研磨約2分鐘，加入醬油拌勻做成醬汁。
5 把燙過的牛蒡放入醬汁裡醃5分鐘，攪拌一下再醃5分鐘。
6 在牛蒡上裹滿麵粉，用170度的炸油來炸。
7 炸到表面酥脆時即完成。

簡單的一道菜，但這種小菜最令人驚喜。

彈牙軟嫩

東坡肉

講到台灣旅行，讓我想到的就是好吃得不得了的東坡肉。我本來以為這是道很麻煩的功夫菜，問了台灣的朋友之後才知道，其實作法很簡單。我趕緊照著朋友教的方法做了，果然做出非常入味而且入口即化的東坡肉。訣竅就在於不要燉煮過頭。

由於用了大量的紹興酒和薑，一點都沒有豬肉的肉腥味。放上一晚，味道會更濃郁香醇。也很適合帶便當。

●材料（4人份）

整塊豬五花肉……800g
薑……1塊
蜂蜜……2大匙
醬油……80cc
紹興酒……100cc
水……200cc
八角……1顆
蔥……適量

●作法

1 將豬肉切成5公分厚度。將菜刀像鋸東西一般前後移動，比較好切。
2 把薑削皮之後切成薄片。
3 將豬肉放入較大的平底深鍋裡，以中火將表面煎到微微上色。
4 加入蜂蜜，讓豬肉均勻裹上蜂蜜後，加入醬油，煮到沸騰。
5 加入薑片、紹興酒、水、八角，蓋上鍋蓋，以小火燉煮20分鐘後關火。
6 靜置1小時，讓肉入味，再以小火燉煮20分鐘。
7 裝盤後鋪上一些蔥白絲就可以吃了。
* 放涼之後會浮上一層白色豬油，記得把豬油撈掉。蔥白切絲之後泡5分鐘冷水，口感會更好。

暖到心坎熱呼呼

海瓜子薑絲湯

冬天，對身體虛寒的人來說，是很辛苦的季節吧。累積了疲勞，加上身體虛冷，就會導致自律神經失調。這個季節，最重要的就是讓腸胃多休息。介紹一道使用高營養價值的海瓜子做成的料理，搭配大量能讓身體暖和的薑絲，是簡單又美味的湯品。讓人感到身心都暖了起來。

●材料（3～4人份）

海瓜子……400g　鹽……1撮
薑……20g　檸檬……適量
水……600cc

●作法

1 讓海瓜子吐沙吐乾淨之後，左右手各拿起一顆摩擦外殼，去掉髒污。
2 把薑削皮之後切成薑絲。
3 在一鍋水中加入海瓜子，煮沸之後調整成小火，加熱3分鐘。撈掉浮泡雜質。
4 等到海瓜子的殼打開後，加入薑絲再煮5分鐘。
5 用鹽調味後即完成。
6 吃的時候，擠少許檸檬汁會更美味。

溫馨的美味

炒豆腐

我再次遇見差點要忘記的好味道。再也沒比這個更令人開心的事了。我回憶著媽媽的味道，一邊試著自己做這道炒豆腐，沒錯！沒錯！就是這一味！能夠重現這道美味，令我喜出望外。配料只有紅蘿蔔和玉米的簡單炒豆腐，起鍋之後，再加幾片豌豆莢就好。

記憶中，每次胃口不好、不想吃飯的時候，母親就會三兩下做好這道炒豆腐，盛滿一碗拿給我。「這個應該吃得下吧。」當時，我深深體會到這道菜的美味，以及母親的疼愛。吃炒豆腐時，就要像用湯匙吃飯，舀著一匙一匙吃。

●材料（2人份）

木棉豆腐……1塊
紅蘿蔔……50g
罐頭玉米粒……40g
豌豆莢……10g
醬油……2大匙
蛋……1顆
味醂……2小匙
砂糖……1/2大匙
沙拉油……1大匙

●作法

1 紅蘿蔔切丁。玉米先瀝乾水分。豌豆莢去筋，汆燙之後斜切成絲。

2 豆腐用兩張廚房紙巾從上下包起來，放進微波爐用600W加熱5分鐘，去除水分。

3 將醬油、味醂、砂糖充分攪拌後備用。

4 將沙拉油倒入以中火熱鍋的鍋子裡，加入紅蘿蔔、玉米，炒到紅蘿蔔熟了之後，用手將豆腐剝散，加入鍋子裡。

5 加入攪拌好的調味料，均勻翻炒，等到湯汁收得少了之後，加入蛋液，翻炒均勻。起鍋後，撒上豌豆莢絲就可以吃了。

這裡標示的醬油用量是做配飯吃的炒豆腐，如果要單吃的話，醬油用量請減半。食譜中加入了蛋汁，但這道菜不加蛋也很好吃。美味的關鍵就在於瀝乾豆腐的水分。做好之後，可以放冰箱冷藏保存3天。也是一道很方便好用的便當菜。

有深度的美味

紅燒鰹魚

鰹魚的產季一年有兩次。分別是入夏時的「初鰹」，以及秋天洄遊的時期。要論美味的話，初鰹還是略勝一籌。初鰹的紅肉部分較多，口味清爽，受到大眾喜愛，是夏季美食。

這道紅燒鰹魚當作下酒菜也大受歡迎。介紹一下母親教我的這道菜吧，用生食級鰹魚料理而成的紅燒菜。下酒、配飯都很理想，或是把魚肉剁碎，鋪撒在飯上，也好吃到令人忍不住閉上眼睛、頻頻點頭。此外，可以保存好幾天，做起來之後帶便當、當作一道小菜，都很方便。對了，做成茶泡飯也相當好吃唷。

●材料（方便製作的份量）

鰹魚（生食用）……1塊（200g）

薑……1塊

日本酒……150cc

醬油……3大匙

砂糖……1大匙

味醂……3大匙

●作法

1 把鰹魚切成2公分塊狀，放到篩網裡。

2 將鰹魚連同篩網放進鍋子裡汆燙1分鐘，把水分瀝乾。

3 把薑削皮之後，切成薄片。

4 在鍋子裡加入日本酒、醬油、味醂、砂糖，以小火加熱，並攪拌均勻。

5 將鰹魚平鋪在鍋子裡，留意不要重疊，上方鋪上薑片，以中火加熱。

6 煮滾之後，調整成小火，蓋上落蓋，慢慢燉煮45分鐘。

7 取走落蓋，開大火一口氣讓湯汁收乾，即完成。

8 靜置半天放涼，充分入味之後再吃。超美味唷！

吃得到海苔粉的香酥味

竹輪磯邊揚（註）

小時候，每次發現便當裡帶了竹輪磯邊揚，我就會高興到大喊：「太棒啦！」然後非常珍惜，留到最後才吃。

其實，竹輪磯邊揚是一道簡單又能迅速完成的美味料理。不過，我為了做得更好吃，不斷重複嘗試，想找出厲害的食譜。祕訣就在於使用蘇打水和大量海苔粉來製作麵衣。這樣的麵衣，與其說是「清爽」，更像是薄薄覆蓋在竹輪表面的感覺。這道好吃得不得了，甚至拿來帶便當都覺得太奢侈的竹輪磯邊揚，推薦各位一定要試試看。

●材料（方便製作的份量）

竹輪……4根
海苔粉……2大匙
低筋麵粉……2大匙
蘇打水……2大匙
鹽……1撮
炸油……適量

●作法

1 將竹輪切成一口大小。
2 在碗裡加入麵粉、海苔粉，再慢慢加入蘇打水，攪拌均勻製作麵衣。
3 將竹輪放進麵衣碗裡，讓竹輪外表裹上麵衣，用加熱到中溫的炸油，以小火炸2分鐘，邊炸邊用調理筷翻面。
4 將炸好的竹輪放在廚房紙巾上，吸掉多餘的油分即完成。撒點鹽就可以吃了。

竹輪要先切成方便吃的大小。在竹輪周圍裹上薄薄一層麵衣即可。

註：「磯邊揚」是指以海苔作為麵衣的油炸料理。

基本調味

關東煮湯底

關東煮的湯底，大家都是怎麼調味的呢？做關東煮其實就等於製作湯底。來介紹一個使用大量的酒，光是湯都好喝的關東煮湯底。

關東煮要用大鍋來做才好吃。製作湯底的關鍵就是從頭到尾都要用小火，絕對不能煮沸，以免湯變濁。魚漿類的食材也記得千萬別煮過頭。

今晚不如就吃一鍋熱呼呼的關東煮吧！吃關東煮時，光是想到要挑選哪些料都很開心。

基本湯底

●材料（4人份）

水……1公升
柴魚高湯……200cc
昆布……邊長10公分的方形
日本酒……300cc
淡味醬油……1大匙
醬油……2小匙
味醂……1又1/2大匙

食材的事先處理

◯把蘿蔔削掉一層厚厚的外皮，先煮30分鐘。
◯蒟蒻或蒟蒻絲放入煮沸的水中汆燙之後，瀝乾水分。
◯魚漿類食材放進沸水中，煮3分鐘去油。

●作法

1 製作柴魚高湯。在鍋子裡加入水500cc，加熱到沸騰後關火，加入15g的柴魚片。靜置3分鐘。看到柴魚片沉到鍋底之後，在篩網上鋪一張廚房紙巾，濾出高湯。
2 取一只大鍋，加入味醂、日本酒，煮1分鐘左右，讓酒精揮發。接著加入昆布、水、柴魚高湯、2種醬油，用小火加熱。留意絕對不能煮到沸騰。
3 加入魚漿類以外的其他食材，用小火加熱10分鐘左右關火。然後靜置放涼到室溫，讓食材更入味。
4 要吃之前再加入魚漿類食材，以小火加熱即完成。

生薑配美乃滋

薑燒豬肉

薑燒豬肉要做得好吃，關鍵就在醬汁調配的比例。一想到醬汁，就讓我忍不住做各種嘗試。不過，最後確定，還是味醂、醬油和薑汁這個簡單的組合，做出來的口味最棒。

另外，講到薑燒豬肉就一定少不了高麗菜絲。高麗菜絲淋上美乃滋淋醬，然後上方鋪滿薑燒豬肉，趁著還冒著煙、熱騰騰時，大快朵頤一番吧。

●材料（1人份）

豬里肌肉片……3片（100g）
高麗菜……適量
沙拉油……1大匙

醬汁的材料

味醂……2小匙
醬油……2小匙
日本酒……2小匙
薑汁……10g

美乃滋淋醬的材料

美乃滋……2小匙
淡味醬油……1小匙

●作法

1 將醬汁的材料攪拌均勻，淋在整片豬肉片上，靜置5分鐘。

2 高麗菜切絲，同時將美乃滋淋醬的材料拌勻備用。

3 在中火熱鍋的平底鍋裡倒入沙拉油，加入豬肉片，不斷翻面，留意不要煎到焦。過程中，加入少量剩下的醬汁（一開始加入會讓鍋子裡的油飛濺，要特別小心）。

4 將高麗菜絲裝盤，淋上美乃滋淋醬，再將豬肉片鋪在上方即完成。淋點鍋子裡剩下的醬汁，就可以吃了。

＊可依個人喜好切點洋蔥絲和豬肉一起炒，也很好吃。

好吃得不得了
馬鈴薯燉肉

每次吃到馬鈴薯燉肉，都有一種身心放鬆的感覺。因為，馬鈴薯燉肉就是媽媽的味道嘛。各位家裡的馬鈴薯燉肉是怎麼料理的呢？什麼樣的口味呢？這次就來介紹，我家基本口味的馬鈴薯燉肉。

做馬鈴薯燉肉時，有個訣竅，學會了之後非常方便，就是基底醬汁的作法。

基底醬汁是在做壽喜燒時調味用的醬汁，但，除了馬鈴薯燉肉之外，燉煮其他肉類時也很好用，而且在家裡自製也很簡單，請務必試試。

先製作基底醬汁。材料有：味醂80cc、日本酒1又1/2大匙、醬油2大匙。

在鍋子裡倒入味醂和日本酒，以中火加熱。煮沸讓酒精揮發後，將鍋子從爐火上移開，放涼之後，加入醬油即完成。

基底醬汁可長期保存，建議一次做起來常備。

●材料（4人份）

豬五花肉片……200g

馬鈴薯……3顆

洋蔥……1顆

基底醬汁……120cc

黑胡椒、蘿蔔嬰……適量

●作法

1 馬鈴薯削皮，每一顆分別用保鮮膜包好，放入微波爐，以600W加熱8分鐘。

2 將馬鈴薯切成方便吃的大小。洋蔥剝掉外面2層硬皮，會更好吃。縱向對半切開後，再切成1公分丁狀。

3 平底鍋以中火熱鍋，加入肉片和洋蔥拌炒。炒到洋蔥變透明之後，加入馬鈴薯。

4 材料拌炒均勻後，加入基底醬汁，調整成大火。煮到湯汁收乾後即完成。要吃的時候，撒點黑胡椒，加一點蘿蔔嬰。

磨出芝麻香
芝麻涼拌四季豆

恰到好處的程度

想要把食材磨細時，研缽是一件很方便的廚房工具。不過，實際上，家裡有研缽的人可能不多吧。或許有不少人認為，使用研缽很麻煩，其實不然；而且手工研磨與食物處理機的效果也不一樣，不會將食材磨得太細，而是恰到好處，做出來的料理更美味。

該用什麼樣的研缽好呢？

直徑8寸（24公分）的研缽，我覺得是剛好方便使用的大小。研杵推薦山椒木，堅固耐用。研杵的長度最好和研缽的直徑差不多。有了研缽和研杵，平常做菜的類型就一下子變得範圍廣泛了。可以磨芝麻、把蔬菜搗碎，想磨什麼就磨什麼。善用研缽和研杵，等於多了一道簡單卻愉快的工夫。

市面上雖然也買得到香炒芝麻和研磨芝麻，但自己在家炒、研磨，風味更佳，料理起來更好吃。

一捏就碎的程度

芝麻先以小火炒到膨脹，到拿起一顆稍微用力一捏就碎的程度剛剛好。事先做好喜歡的涼拌醬底，保存起來之後，隨時都能迅速做出好吃的涼拌菜，方便好用。

●材料（2人份）

四季豆……200g
白芝麻（未處理過的新鮮芝麻）……2大匙
醃梅乾……1顆
甜菜糖……1大匙
醬油……1大匙

●作法

白芝麻在平底鍋裡以小火炒10分鐘到微微上色。把炒好的白芝麻放進研缽裡磨碎，加入醃梅乾、甜菜糖、醬油，繼續磨成糊狀。四季豆去筋之後，放入加鹽的熱水，汆燙2分鐘。把燙好的四季豆切成3公分長段，和涼拌醬底拌勻之後即完成。

辣中帶鮮

麻婆豆腐

四川料理的代表菜色，麻婆豆腐。相傳是一百多年前，在四川省成都開小飯館的一名陳姓婦人想出來的菜色。因為這位太太臉上有些斑痕（中文也叫「麻子」），因此這道菜就命名為「麻婆豆腐」了。麻婆豆腐決定口味的關鍵就是花椒。這次我嘗試拿整顆花椒磨碎了來使用，這麼一來，香氣跟口味都變得道地。

麻婆豆腐要先炒過之後再燜，還有個訣竅，就是最後起鍋前再用大火炒一下。由於嫩豆腐容易碎，建議用木棉豆腐比較好。試試看做一道邊吃邊冒汗的美味麻婆豆腐吧！麻辣辛香，會讓人上癮，這道尾韻清新的麻婆豆腐，保證讓你一口接一口。

●材料（2人份）

木棉豆腐……2塊
牛絞肉……100g
蔥……5根
花椒……約50粒
沙拉油……3大匙
辣椒粉……1大匙
豆瓣醬……1/2小匙
醬油……2大匙

●作法

1 將豆腐切成2公分的丁狀，放在篩網上靜置30分鐘，瀝乾水分。
2 將蔥切成蔥花。
3 花椒用大火乾炒，放涼之後放進研缽磨碎。
4 在平底鍋裡倒入沙拉油，用中火加熱，將牛絞肉炒到全熟後，在平底鍋挪出一點空間，加入花椒，炒香之後，與其他材料混合。
5 同樣地，在平底鍋內空出空間，加入豆瓣醬、辣椒粉、醬油，稍微炒一下，再與其他材料炒勻，然後以中火燉煮到湯汁收乾。
6 小心地將豆腐放入平底鍋裡，小心不要弄碎。
7 用鍋鏟輕輕翻拌，讓食材攪拌均勻。蓋上鍋蓋，以小火煮10分鐘，加入1小匙醬油（標示份量之外）調整口味。
8 打開鍋蓋，大火炒約5分鐘，讓湯汁收乾。
9 起鍋後撒上蔥花即完成。

跟媽媽學的味噌湯

能夠自己每天做菜，十分開心。

話說回來，大概是因為能專心做某道有興趣的菜色，和一般家庭主婦相較之下，輕鬆很多。嚴格說起來，與其說是做菜，可能更像是做某種實驗。但，目前對我來說，這樣很好。我經常下工夫研究的是味噌湯。嗯，認真說起來，應該是忍不住就想下工夫做好。我對於白飯和味噌湯有股特殊的感情。純粹就是喜愛。從小時候就是這樣，吃飯時就算沒其他配菜，只要有這兩樣就行了。和別人講起這件事，對方會說：「這樣營養不太夠吧。」不過，當事人絲毫沒有意識到這一點，甚至還會心想，「你怎麼會這麼想呢？」

長大之後，我才知道，原來我心目中的白飯和味噌湯，和一般人認知的不太相同。家母的味噌湯總是料比湯多，至少都會有四、五種食材，而且很大一碗。猜想母親是看到了邊喝著味噌湯不斷說「好吃！好吃！」的兒子，心想既然這樣就多加點蔬菜啦，肉類啦。一定是這樣。

「別吃那麼多飯，多喝幾碗味噌湯。」母親經常這麼說。

現在，我只有每年幾次回老家時才喝得到媽媽做的味噌湯。一到吃飯時間，面前理所當然會有一大碗用料豐富的味噌湯，讓我忍不住笑了。而且，媽媽總不忘叮嚀，「喝完還可以再添哦。」

等到我自己開始煮味噌湯之後，食材都用兩種左右，也就是一般常見的味噌湯。不過，總覺得心情上跟肚子都不滿足，反倒想吃其他菜，似乎變得營養不均衡。

於是，我想到了。這麼說可能有點沒禮貌，但我想趁著母親還健康的時候，請她教我做味噌湯。

對啊！仔細想想，其實對自己而言，母親正是最親近的烹飪老師，而且還是所有家事的示範。

我真想學會媽媽的味道。

「我想跟妳學做味噌湯。」說了之後，「就回家來看呀！」媽媽告訴我。

這下子，我回家找媽媽的機會變多了。味噌湯真的好喝極了。

西式菜色

清爽香甜
涼拌紅蘿蔔絲

涼拌紅蘿蔔絲，這是一道法國的家常小菜。法文叫做「carotte rapees」，「rapees」指的就是「切成細絲」的意思。換句話說，就是將紅蘿蔔切絲做成涼拌菜。這是一道可以迅速完成的沙拉，也是一道經典常備菜。不過，這次介紹的食譜要比一般常見到的涼拌紅蘿蔔絲，再多花點工夫。

先將四面乳酪刨刀，並將椰肉切成絲狀椰絲。家中記得常備這兩項。有了好用的工具跟材料，三兩下就能做出一道涼拌紅蘿蔔絲。只要有紅蘿蔔加上鳳梨、椰絲、罐頭鮪魚、芝麻醬，所有材料拌勻即可。這是一道吃起來像甜點的涼拌紅蘿蔔絲，在我們家已經成了基本的菜色。

●材料（2人份）

紅蘿蔔……1根　鳳梨切片……70g
罐頭鮪魚……50g　椰絲……2大匙
芝麻醬……1大匙　黑胡椒……1撮
鹽……1/4小匙

●作法

1 將紅蘿蔔削皮。以四面乳酪刨刀刨孔較粗的那一面，刨出紅蘿蔔絲（用搓板搓絲或菜刀切絲亦可）。
2 將鳳梨片切成小丁狀。
3 在調理盆裡加入紅蘿蔔絲、鳳梨丁、芝麻醬、椰絲，攪拌均勻。
4 加入瀝掉油分的罐頭鮪魚，加點鹽和胡椒調味，拌勻後即完成。

紅蘿蔔用刨刀刨出來的絲比較好吃。這也可以說是法國家庭式的作法吧。

鬆軟綿密炒蛋

喜歡做菜的朋友，教了我一道以大量鮮奶油做的炒蛋。我試做了之後大感意外，怎麼會這麼好吃啊！雖然同時也在心裡想著，吃這麼犯規的食物好嗎？但鬆軟綿密，口味溫和，真會讓人一吃就上癮。加上紫洋蔥、番茄、豌豆，更帶來了不同的口感。鋪在烤好的吐司麵包上一起吃，簡直幸福到了極點。將配料換成青花菜或是馬鈴薯應該也很棒。

趁著奶油還沒完全融化之前，倒入蛋液，在小火加熱下，慢慢攪拌成糊狀。不用著急，慢慢來。接著加入配料，拌一下就完成，非常簡單。

●材料（2人份）

蛋……3顆
奶油……40g
鮮奶油……80cc
番茄……40g（1/4顆左右）
紫洋蔥……25g（1/6顆左右）
鹽……1撮
豌豆……30粒
黑胡椒……1撮
番茄醬……適量

●作法

1 番茄切丁，洋蔥切成粗末。
2 加一撮鹽（標示份量之外）到熱水裡，汆燙豌豆3分鐘。
3 在調理盆裡打蛋，加入鹽、黑胡椒、鮮奶油，用打蛋器輕輕攪拌均勻。
4 在18公分的平底鍋裡加入奶油，以中火加熱，等到奶油融化一半時，一口氣將蛋液倒入鍋內。
5 稍微攪拌一下後，調整成小火，持續攪拌到呈糊狀。
6 呈糊狀之後關火，加入洋蔥、番茄、豌豆，再稍微拌一下即完成。最上方淋點番茄醬就可以吃了。

加入乳酪也很棒。

加入大量奶油與醬油香炒

奶油玉米

這是一道多了醬油口味的奶油玉米。用新鮮的玉米來做這道菜色會大感意外，原來這麼香甜好吃。清爽的口感，加上香氣十足的玉米風味，搭配大量的奶油和醬油迅速炒過，就是一道夏季美食。由於放涼了也好吃，推薦可以拌沙拉、帶便當，或是夾三明治。

切下玉米粒的時候，務必要小心不要受傷，慢慢來。把整根玉米較粗的一端朝上，讓菜刀沿著玉米粒根部和玉米穗交界的地方移動，切下玉米粒。

●材料（2人份）

玉米……1根
奶油……1大匙
醬油……1小匙
黑胡椒……適量

●作法

1 將整根玉米分成3等分，用菜刀將玉米粒切下來。
2 在小火熱鍋的平底鍋裡加入奶油融化，加入玉米粒翻炒5分鐘，小心不要炒焦了。
3 加入醬油，炒勻之後即完成。可以依喜好撒點黑胡椒就能吃了。

拌入2大匙的美乃滋，就能變成另一道美味下酒小菜。請各位一定要試試看。也推薦當作歐姆蛋的配料。

尋尋覓覓的美味
馬鈴薯沙拉

喜歡馬鈴薯的各位，請靠過來。容我向各位發表，我為馬鈴薯愛好者研究出的馬鈴薯沙拉。一口、兩口、三口，保證讓大家吃到目瞪口呆，而且還會讚不絕口，「太好吃了吧！」「再來一份！」

為了保留馬鈴薯的營養和風味，刻意不削皮，而且從冷水開始煮。另外，馬鈴薯不用刀切，而用手剝成小塊，形狀不規則，自由自在。沒錯！就是想吃這樣清爽的馬鈴薯沙拉。不用多餘的材料與步驟，就能做出清新簡單又健康的一道菜。

●材料（4人份）

馬鈴薯（中）……3顆（約400g）
洋蔥……1/2顆（約100g）
小黃瓜……1根
鹽……適量
青椒……1顆
罐頭鮪魚（小）……90g
美乃滋……4大匙
芥末籽醬……1大匙
醋……1大匙

●作法

1 將馬鈴薯連皮從冷水開始煮40分鐘。
2 把洋蔥切薄片，泡水20分鐘。
3 將馬鈴薯煮好之後放涼。
4 將洋蔥瀝乾水分，撒一撮鹽後加醋，拌勻之後靜置10分鐘。
5 將小黃瓜、青椒切薄片，撒一撮鹽後靜置10分鐘。
6 馬鈴薯放涼之後剝皮，放在調理盆裡用手剝成小塊。
7 把瀝乾油分的罐頭鮪魚、美乃滋、芥末籽醬倒入調理盆中，攪拌均勻。
8 洋蔥、小黃瓜、青椒瀝乾水分之後加入調理盆中，繼續攪拌。
9 最後仔細拌勻即完成。

完成之後，再充分攪拌一次會更好吃。這道美味到極致的馬鈴薯沙拉，也很適合用來夾三明治。

好吃又健康
蒜炒青花菜

小時候，媽媽常說，「顏色深的蔬菜對身體很好，要多吃一點！」尤其青花菜是媽媽很喜歡的蔬菜，會用來做各式各樣的菜色。

青花菜這種黃綠色蔬菜，不但富含胡蘿蔔素、維他命C，眾所周知，對於預防文明病也很有效。即便到現在，我已經長大成人，還是會很想大吃青花菜。

使用青花菜來做的菜色之中，我最愛的就是將青花菜汆燙過後，用橄欖油加入大蒜清炒的這一道。有多好吃？好吃到我幾乎可以一個人吃掉一整朵青花菜！無論當作晚餐的一道菜，或是下酒小菜，還是帶便當，都很適合。

●**材料**（方便製作的份量）

青花菜……1朵
義大利香芹（切碎末）……2大匙
大蒜……2瓣
辣椒……1根
橄欖油……70cc
鹽……20g

●**作法**

1 將青花菜分切成小朵。莖部去掉較厚的外皮切小塊。大蒜切薄片，辣椒撕成兩半，把籽去掉。

2 在大鍋裡加入2公升的水和鹽，大火煮沸後，汆燙青花菜2分半再撈起來。稍微留下一點湯汁。

3 平底鍋用小火熱鍋，倒入橄欖油，慢慢爆香大蒜和辣椒。

4 炒到蒜片變成金黃色，加入義大利香芹，再加入2大匙汆燙青花菜的湯汁，迅速拌勻。

5 將青花菜加入平底鍋中，搖晃平底鍋，讓青花菜均勻裹上橄欖油。

6 裝盤後再淋上適量的橄欖油（標示份量之外）就可以吃了。

要吃之前，淋上少許橄欖油增添風味，會更好吃。

溫暖柔和的好味道

番茄蔬菜湯

每次喝番茄蔬菜湯時，總覺得這道湯品可以讓全身都暖起來，對消除疲勞好有效啊。今天也好想喝一碗這樣熱呼呼又美味的湯。做番茄蔬菜湯時就要用小火慢慢燜燉蔬菜，才能釋放出鮮甜滋味，成為一道營養滿分的蔬菜湯。相信不少人在第一次做的時候，會覺得好像沒什麼味道，口味很清淡。但，其實這樣才好，因為這就是一道以蔬菜高湯為基底的健康湯品。

●材料（4人份）

雞腿肉（切成2公分丁狀）……80g
紅蘿蔔（切成1/4圓片）……1根
馬鈴薯（切成1/2圓片）……1顆
洋蔥（切成1公分丁狀）……1顆
高麗菜（切成2公分小片）……200g
番茄（小）（切成梳狀）……2顆
大蒜（切細末）……1瓣
無鹽番茄汁……800cc
白酒……80cc
蝴蝶麵……10個
橄欖油……1大匙
水……200cc
鹽……1撮
葛瑞爾乳酪……適量

●作法

1 鍋子裡加入橄欖油，用大火爆香蒜末後，加入雞肉煎一下。
2 陸續將紅蘿蔔、馬鈴薯、洋蔥加入鍋子裡，以中火慢慢炒到洋蔥變透明。
3 加入鹽、白酒，以小火邊攪拌邊燉煮30分鐘。
4 加入水、高麗菜、番茄、蝴蝶麵，蓋上鍋蓋，以中火燉煮30分鐘左右，讓水分收乾。
5 加入番茄汁，攪拌均勻即完成。
6 最後撒點葛瑞爾乳酪來提味。

哭泣的孩子也會破涕為笑

玉米湯

柔滑香甜的玉米醬，還有鬆軟的蛋花，就是一鍋好喝的玉米湯。

事先做好高湯冷凍起來，隨時都能迅速來一碗。無論是忙碌的早晨、為菜色傷腦筋時，建議都能來一碗這樣營養豐富的玉米湯。寒冬中的好滋味，一口就能讓身心都暖起來。

●**材料**（2人份）

高湯……300cc
罐頭玉米醬……190g
蛋……1顆
鹽……1/2小匙
太白粉……1小匙（以1小匙的水化開）
麻油……1/2小匙

高湯的材料

水……2公升
雞絞肉……200g

●**作法**

1 製作高湯。在鍋子裡加入水和雞絞肉，以大火煮沸。沸騰後調整成小火，慢慢燉煮1小時，留意不要煮到滾。在篩網上鋪一張廚房紙巾，過濾出高湯後即完成。

＊剩下的絞肉雖然已經沒有油脂，但仍可以做成口味鹹鹹甜甜的健康雞肉鬆。

2 在鍋子裡加入高湯、玉米醬、麻油、鹽，攪拌均勻，以中火加熱。

3 在煮沸之前關火，加入太白粉液。

4 湯變得濃稠後淋入蛋液，再加熱滾一下即完成。

傳承媽媽的味道

通心麵沙拉

我好愛通心麵沙拉，喜歡到如果有人問「誰喜歡通心麵沙拉？」時，我應該會毫不猶豫，第一個高舉雙手。這道菜，從以前到現在，我不知道反覆嘗試做了多少次。這次介紹這個超棒的食譜，基本上是家母的作法，加上我自己調整過後的完成版。以乳酪和玉米來增添風味，還有檸檬汁與醬油的提味。另外，我自己的作法是以筆管麵來代替通心麵。

美味的關鍵，就在於小黃瓜搓鹽之後要擰乾水分。另外，煮好的筆管麵（通心麵）要用水沖涼。這麼一來，口感會變得更好。至於調味的鹽，用量請依個人喜好斟酌。這道菜色可以一次做多一點常備，非常方便。請各位務必試試這個我引以為傲的美味食譜。

●材料（4人份）

筆管麵（通心麵亦可）……150g
里肌火腿……4片
罐頭玉米粒……100g
小黃瓜……2根
全熟水煮蛋……2顆
檸檬汁……1小匙
橄欖油……1大匙
乳酪（依喜好的種類）……50g
醬油……1/2小匙
鹽……適量
美乃滋……6大匙
黑胡椒……少許

●作法

1 將水煮蛋切碎。
2 把小黃瓜切成薄圓片，撒少許鹽靜置，等到變軟出水之後，將水分擰乾。
3 將火腿切成和筆管麵一樣長的條狀，乳酪切成小丁狀。
4 在水中加入總水量1%的鹽，煮沸之後，依照包裝袋上的標示時間煮筆管麵。
5 筆管麵煮好之後，撈起來用水沖涼，再瀝乾水分。
6 在筆管麵淋上橄欖油，拌勻。
7 在調理盆裡加入筆管麵和配料、美乃滋，充分拌勻，再以檸檬汁、醬油、少許鹽調味，放進冰箱冷藏1小時之後即完成。
8 依喜好撒點黑胡椒，就可以吃了。

勝出的美味

可樂餅

做可樂餅的重點，就是製作內餡。製作美味的內餡，是做可樂餅最大的樂趣所在。今天，要用什麼樣的餡料呢？

為此，我研究了基本的可樂餅內餡。首先，我嘗試用連皮煮熟的馬鈴薯，加上洋蔥來做。雖說是最基本的作法，但簡單的美味卻足以令人大吃一驚。這次就介紹我經過多次反覆嘗試，最終勝出的這份食譜。與大家分享，如何才能做出外酥內軟、散發濃濃馬鈴薯與洋蔥風味的可樂餅。

在基本餡料中，另外添加絞肉、玉米、罐頭鮪魚、乳酪、酪梨、米飯、烤鮭魚等等個人喜愛的材料，就可以做出更多變化的可樂餅。也很推薦加入柴魚片或紅燒羊栖菜。

●材料（方便製作的份量）

馬鈴薯……3顆
洋蔥……1顆
鮮奶……2大匙
二號砂糖（一般白砂糖亦可）……1小匙
奶油……1小匙
鹽、白胡椒……各少許
麵粉、蛋液、麵包粉……各適量
炸油……適量

●作法

1 將馬鈴薯洗乾淨後，連皮切成一半。
2 以冷水煮40分鐘，煮到馬鈴薯變軟，再以研杵搗碎，記得留下一點較粗的顆粒狀。
3 在中火熱鍋的平底鍋裡加入奶油和砂糖，再加入切成細末的洋蔥爆香。
4 加入馬鈴薯拌炒，慢慢加入鮮奶，用木杓繼續攪拌。試一下味道，加入鹽和白胡椒調味。
5 將餡料塑形。最簡單的作法就是搓成圓球狀。大小可依個人喜好。
6 在餡料表面撒上麵粉，沾蛋液後滾上麵包粉，小心裹上外層的麵衣。
7 將鍋子裡的炸油加熱到170度，就能將可樂餅下鍋油炸。記得前5秒需靜置，不要翻動。
8 翻面炸到均勻，待表面呈金黃色，就可以撈起來瀝掉多餘的油。完成後可以直接吃，品嚐原味。

涼了之後的可樂餅可以用烤爐或小烤箱加熱，一樣會很酥脆。

熱呼呼的法式風味

焗烤馬鈴薯

忽然想起在旅途中遇見的好味道，腦中隱約浮現異地的情景時，同時也好想再吃一次那道美食。

忘了是什麼時候去法國旅行，在那個冬天的夜晚，開車抵達里昂。在郊區一間小餐館吃到的焗烤馬鈴薯，讓我至今仍無法忘懷。馬鈴薯用奶汁燉煮後，鋪上乳酪，用烤箱烤。只是這樣，就好吃到讓因長途舟車勞頓而疲憊的我，差點流下眼淚。

這道法國經典家常料理的馬鈴薯焗烤，作法非常簡單，也許正是因為這樣才好吃吧。我經過多次反覆嘗試，調整出這份食譜。也可隨心所欲，自由搭配，請一定要嚐嚐這道好吃的法式焗烤馬鈴薯。

●材料（4人份）

馬鈴薯（小）……6顆
鹽……1/2小匙
大蒜……1/2瓣
義大利香芹……適量
鮮奶油……150cc
帕馬森乳酪（亦可用乳酪粉）……60g
鮮奶……400cc

●作法

1 將馬鈴薯削皮，切成比1公分薄一點的薄片，大蒜切細末。
2 在鍋子裡加入馬鈴薯、蒜末，再加入鮮奶油、鮮奶、鹽，以小火燉煮約7分鐘。
3 將鍋子裡的馬鈴薯裝到耐熱烤盤裡，小心不要把馬鈴薯片弄碎。鍋子裡的湯汁再加熱一會兒，等到變得濃稠後，再淋入耐熱烤盤中。
4 帕馬森乳酪刨細，鋪在馬鈴薯上方，以預熱200度的烤箱烤15分鐘。
5 出爐後，撒點切碎的義大利香芹細末即完成。

在法國會搭配法棍麵包一起吃。當然，也很適合搭葡萄酒。

入味的爽口菜

高麗菜捲

暴飲暴食，或是身體狀況不佳時，要不要來一道營養豐富而且含有整腸健胃成分的高麗菜捲？介紹這道加了培根的簡單高麗菜捲食譜，只需要用到一顆高麗菜中8至10片大葉片，其餘的高麗菜可以用來做別的菜。

燉煮到軟爛的高麗菜有多可口，不用多說，高麗菜捲另一項令人期待的重點，就是湯汁。富含高麗菜與培根鮮美滋味的湯汁，喝起來真舒服，教人回味無窮。

●材料（4人份）

高麗菜葉……8片
培根……8片
淡味醬油……1大匙
柴魚昆布高湯……600cc
（見P29）
鹽……1小匙

●作法

1 高麗菜去芯。剝掉外層的葉片後，取下8片菜葉。用大鍋子燒一鍋熱水，將每片高麗菜葉汆燙1分鐘。

2 煮軟的高麗菜葉放涼之後，用菜刀把較硬的部分切掉，讓每片菜葉的厚度一致。瀝乾水分備用。

3 將高麗菜葉直放。把折成小塊的培根放在葉片上靠近自己的地方，將葉片從外側往內塞好，然後向外捲緊。

4 把捲好的高麗菜捲排放在鍋子裡，倒入柴魚昆布高湯，加入淡味醬油和鹽，以小火燉煮30分鐘即完成。

燉煮到軟爛的高麗菜，充滿了培根的鮮美滋味。不過，由於高麗菜捲已經燉到軟爛，記得用湯匙吃。

簡單的西式油炸料理

炸海鮮

這道外酥內軟的西式炸海鮮，可以配飯，也適合下酒。挑選喜歡的食材，裹上麵衣，迅速油炸就行了，是一道作法簡單的料理。

推薦的食材有鮮蝦、花枝、章魚、貝類、白肉魚片等海鮮，另外，蔬菜炸起來也很好吃。熱呼呼地油炸起鍋，撒上足夠的鹽，再擠點檸檬汁就可以吃了。今晚就吃這一道，再小酌幾杯，一定很開心。

●材料（4人份）

低筋麵粉……100g
蘇打水……60cc
玉米粉……1大匙
泡打粉……1大匙
蛋……1顆
沙拉油……適量
鹽……適量
檸檬……適量
鮮蝦、花枝、章魚、鱸魚等……適量

＊食材可自由選擇。記得要擦乾水分再裹上麵衣。

●作法

1 製作麵衣。將低筋麵粉、玉米粉、泡打粉混合均勻。

2 在拌勻的粉類裡加入蘇打水和蛋液攪拌。

3 將切成方便食用大小的材料裹上麵衣，以160度的炸油炸3分鐘。

4 瀝乾油分之後，撒點鹽即完成。吃的時候記得多擠點檸檬汁。

製作麵衣時用蘇打水，可以炸得外酥內軟。炸花椰菜也很好吃。

海瓜子與鮭魚
溫哥華的海鮮巧達湯

加了海瓜子、玉米還有鮭魚，用料豐富，再融入大量奶油。這就是我在溫哥華一間專賣海鮮巧達湯的餐廳學到的作法。

●材料（4人份）

海瓜子……30顆左右
鮭魚（2片）……約300g
培根……150g
大蒜……1瓣
橄欖油……2小匙
罐頭玉米粒……120g
馬鈴薯……60g
紅蘿蔔……60g
洋蔥……50g和30g
芹菜……30g
白酒……100cc
鮮奶……500cc
低筋麵粉……30g
奶油……60g

●作法

1 海瓜子吐沙之後，左右手各拿起一顆摩擦外殼，去掉髒污。
2 在鮭魚魚片的兩面抹點鹽。
3 將培根切成寬3公分的條狀。
4 馬鈴薯、紅蘿蔔切成1/4圓片。大蒜切細末。芹菜切成1公分寬的圓片。
5 將洋蔥50g切薄片，30g切成細末，分開備用。
6 在中火熱鍋的平底鍋裡倒入橄欖油，加入蒜末、洋蔥末爆香。炒到洋蔥變得透明。
7 加入海瓜子和白酒，煮沸後等到海瓜子的殼都打開後關火。放涼，再挖出海瓜子肉，外殼可丟棄。
8 在湯鍋裡加入30g的奶油和培根，用小火慢炒，一邊撒入低筋麵粉，繼續拌炒均勻。
9 把所有切好的蔬菜都加入湯鍋裡，以中火拌炒。由於麵粉容易黏鍋底，要繼續拌炒約10分鐘。
10 把之前平底鍋中煮海瓜子的湯汁倒進鍋子裡。
11 將鮮奶分3次倒入湯鍋中，每次都要攪拌均勻。
12 把鮭魚皮切下來，小心剔除骨頭之後，將魚肉切成方便食用的大小，加入湯鍋內。
13 將海瓜子肉、瀝乾水分的玉米加入湯鍋，用小火加熱，一邊攪拌約15分鐘。小心不要燒焦。
14 最後，關火後加入30g奶油，完全融化後即完成。起鍋前撒上碎蘇打餅乾就更完美了。

加入大量洋蔥，鬆軟滑嫩
該學起來的炸肉餅

很多人覺得油炸料理太麻煩，所以不常在家裡做。但剛起鍋、熱呼呼的油炸料理，這等美味實在太誘人。裹麵衣、處理炸油，這是作油炸料理時的兩大障礙，不過，多做幾次之後就會覺得，其實也很簡單嘛。

今天要不要來試試這道炸肉餅呢？前面幾個步驟和作漢堡排一樣。一旦試過親手現做的美味，下次要做油炸料理，就會感覺輕鬆多了。

炸肉餅的好吃關鍵，就在於絞肉要充分攪拌到變得黏稠。另外，記得要炸兩次。

●材料（2人份）

牛豬混合絞肉……200g
洋蔥……1/2顆
鹽……1/2小匙
黑胡椒……1撮
炸油……適量
麵粉……適量
蛋液……1顆
麵包粉……適量

●作法

1 將洋蔥切細末。
2 在調理盆裡加入混合絞肉、洋蔥和鹽，用手攪拌到黏稠後，撒點黑胡椒。
3 將肉團分成6份，以手搓成圓球後，在兩手間拋接，排除空氣後再搓圓一次。
4 在肉球表面沾滿麵粉，裹上蛋液之後，壓扁成肉餅，再裹滿麵包粉。
5 炸油加熱到160度，小心調整，不要讓溫度太高，以中火炸5分鐘，然後將肉餅撈起來。
6 靜置3分鐘，由餘熱讓肉餅內部熟透。
7 最後把火調得大一些，再將肉餅放進油鍋炸30秒，讓表面呈金黃色。
8 依個人喜好淋點沾醬，就可以趁熱吃。

酷暑的健康沙拉

蘋果芹菜沙拉

老饕都知道，十九世紀末，位於紐約的「華爾道夫」這間高級飯店最知名的一道沙拉，就叫做「華爾道夫沙拉」。使用蘋果、芹菜、胡桃和葡萄乾，加入美乃滋稍微拌一下，就可以完成這道簡單的美式沙拉。切成小丁的芹菜，有著爽脆口感，和胡桃的焦香風味以及蘋果的清甜構成了均衡絕妙的美味，請大家務必嚐嚐。

這次我用瀝掉水分的優格加上蜂蜜，來代替美乃滋，吃起來的感覺會像一道清爽的甜點沙拉。加上胡桃堅果會更好吃，是很適合在早餐吃的沙拉。

●材料（4人份）

蘋果……2顆
胡桃……30g
芹菜……1根（60g）
葡萄乾……30g
檸檬汁……1大匙
優格（無糖）……4大匙
蜂蜜……1大匙
橡葉萵苣……適量

●作法

1 先將優格瀝乾水分。用咖啡濾杯來瀝水很方便。
2 將蘋果清洗乾淨，連皮切成小片，淋上檸檬汁。
3 芹菜不必先去除粗纖維，直接切成1公分小丁。
4 用平底鍋輕炒胡桃，用手指捏碎。
5 把蘋果、芹菜、胡桃和葡萄乾充分拌勻。
6 要吃的時候淋上優格和蜂蜜，攪拌均勻。
7 盤底墊上橡葉萵苣後裝盤，就可以吃了。

在食慾不振的炎炎夏日，有一道這樣清爽的沙拉，真是太棒了。

酥脆又軟嫩

煎雞排

來煎一塊好吃的雞腿排吧。用鍋蓋壓緊，讓雞肉平均受熱，熟度均勻，煎起來就會感覺飽滿厚實。接著，再把皮慢慢煎到酥脆。耶誕夜要是有這道菜，應該會很開心吧，推薦各位一定要試試看。塗上美乃滋，做成三明治，也很好吃唷。

●材料（2人份）

雞腿排……1片（約180g）
橄欖油……2小匙
鹽……少許
黑胡椒……少許
芥末籽醬……適量

●作法

1 先將雞肉黃色的油脂和筋剔除，切半之後，在兩面撒上鹽和黑胡椒，靜置待入味。

2 在平底鍋裡倒入1小匙橄欖油，用大火加熱，將一片切半的雞肉，以皮朝下，放進鍋裡。

3 煎的時候，用鍋蓋緊緊按壓雞肉。等到雞肉壓平後再移開鍋蓋，用中火煎5分鐘（要是沒有尺寸剛好的鍋蓋，也可以用淺盤子代替）。

4 等皮煎到脆了就可以翻面，以小火再煎3分鐘。

5 把雞肉盛入放有冷卻網架的調理盤上，靜置一會兒。

6 用湯匙撈起滴在調理盤上的油，淋到雞腿排上。

7 以相同的步驟煎另一片雞肉。

8 切成方便吃的大小後，搭配喜歡的清燙蔬菜，以及大量芥末籽醬，裝盤後即完成。

記得，吃的時候沾著大量芥末籽醬更好吃。

海鮮沙拉的滋味

紐約上東區一帶，至今仍是我很喜歡的地區。二十幾歲時，我就住在七十三街，是和一名女爵士鋼琴師租的小房子。

屋子裡的廚房，連站個人都嫌窄，非常不適合作菜。因此，每天三餐，我都是到附近超市買熟食來解決。

不知道是不是上東區的居民多是老饕，這一帶有很多頗具特色的超市，每家店在熟食上都花了很多工夫。跟日本一樣，晚上七點一過，各家店的熟食就祭出折扣，我總是挑這個時段外出採買。

在這些熟食店裡，我最喜歡的就是義大利食材專賣店「Citarella」。這裡的生鮮食品很受歡迎，使用海鮮製作的熟食，真的超好吃。只是「Citarella」畢竟走的是高級路線，即使只是一人份，每天採買下來也挺傷荷包。

有一天，我望著「Citarella」的櫥窗，發現一片碎冰上放了一隻很大的哥吉拉玩偶，旁邊還有一盤盤切好的魚肉和大隻龍蝦，擺設成怪獸和哥吉拉對戰的模樣。「Citarella」很有名的一件事，就是大叔老闆每天都會想些奇招來布置櫥窗。

在哥吉拉的吸引下，我盯著櫥窗看得入迷。大叔老闆看到我之後，從店裡走出來問我：「你是日本人嗎？」我說：「是呀，我是日本人。哥吉拉的擺設好精彩哦。」他隨即和我說：「你可不可以告訴我，哥吉拉都是怎麼戰鬥的啊？」

「每次哥吉拉的手都會這樣，然後從嘴巴發射出光線。還有，尾巴的力量很強，會靠甩動尾巴來打倒對手。」我告訴老闆之後，他立刻根據我的意見更動了擺設。他把一大盤鮭魚切片放在哥吉拉的尾巴後方，戲謔說道，「就像這樣嗎？」

「對對對！就是這樣！」我說。他聽了之後，好開心，笑著告訴我：「我上禮拜去看了哥吉拉的電影，然後就迷上了！這陣子我都會在櫥窗擺設哥吉拉大戰怪獸，如果你方便的話，可以來幫我看看有哪裡不對勁嗎？」

我很高興地答應他說，每天都會去看看。

大叔老闆告訴我，他每天都是在下午四點開始擺設。於是我就在這個時間到「Citarella」去。那時候，用自己半吊子的英文和認識的人聊天，也成了我生活中的樂趣。

因為哥吉拉，我和大叔成了好朋友。後來他知道我一個人住在附近，每天都會送我一些好吃得不得了的熟食，要我帶回去吃。讓我最開心的一次，就是他給了我好大一份店裡招牌的海鮮沙拉。

「為什麼你每天要花這麼多心思布置櫥窗呢？」我問他。大叔的答案是：「我想讓顧客感受到，我有多享受這份工作呀。光是賣新鮮食材不是很無聊嗎？我爺爺告訴我，人在不知不覺之中會受到開心的人群吸引，聚集在一起。所以我才想到，可以利用櫥窗展示，來表達我是如何對每天的工作樂在其中。」

在工作中獲得很多樂趣，想讓其他人也看到這一面。「Citarella」的大叔老闆讓我體會到，無論在工作上或人生中都很寶貴的經驗。直到現在，我仍很珍惜這個理念，也謹記在心。此外，我也忘不了海鮮沙拉的美味。

點心

清涼香甜

糖漬柳橙

這是一道將切開的柳橙用糖漿醃漬做成的甜點。優點就是可以放在冰箱冷藏保存，想吃水果的時候，隨時都能吃。美味的祕訣在於融入果汁的糖漿，搭配冰淇淋或優格一起吃也很棒。最適合在炎炎夏日用來招待賓客。

●材料（4人份）

柳橙……4顆
砂糖……220g
水……170cc
肉桂……1根
薑（切薄片）……5片

●作法

1 燒一鍋熱水。
2 煮沸之後調整成小火，加入砂糖跟薑片，燉煮10分鐘並攪拌均勻。
3 在調理盆裡加入肉桂，倒入步驟2的食材後，放涼就成了糖漿。
4 用菜刀把柳橙上下切掉，再縱向削除外皮和內層的薄皮。
5 將柳橙切成5等分圓片，排列在調理盤上。
6 在排列的柳橙片淋上糖漿，放進冰箱，靜置3小時即完成。

糖漿可以一次做多一點，就能用來醃漬各類不同水果。

連我都會做甜甜圈

第一次做甜甜圈的情景，我到現在仍難以忘懷。熱呼呼、鬆軟酥脆的甜甜圈，可愛極了。那一天，那一刻，想到竟然連自己都會做甜甜圈，心情無比激動。

要是從來沒做過甜甜圈，更是讓人欣羨。因為接下來還有很多機會，能體會這份感動。無論做了多少次，每回都能帶來深刻的感觸。這樣的甜甜圈，有時候只是咬一口，都會令人激動到差點落淚。

●材料（4～5個份）

低筋麵粉……150g
泡打粉……1小匙
蛋……1顆
細砂糖……40g
鮮奶……20g
高筋麵粉……適量
沙拉油……適量

●作法

1 在調理盆裡加入低筋麵粉、泡打粉攪拌均勻。
2 取另一只調理盆，加入蛋、細砂糖，用打蛋器混合均勻。
3 在蛋液中慢慢加入鮮奶拌勻。
4 將粉類一點一點慢慢加入蛋液中，攪拌均勻，再以刮刀用力攪拌。蓋上保鮮膜，放進冰箱，醒30分鐘。
5 將麵糰放在大工作檯上，先在表面撒一點高筋麵粉，再以擀麵棍擀成1公分左右的厚度。
6 撒點高筋麵粉，同時用模型切出甜甜圈。
7 用較深的平底鍋或鍋子，倒入3公分左右的沙拉油，用小火加熱。可以先丟一小塊麵糰進油鍋，如果馬上浮起來，就表示炸油夠熱了。
8 將麵糰表面多餘的粉刷掉，下鍋油炸。炸的時候記得隨時調整火候，不要讓油溫升高。
9 炸到甜甜圈表面裂開時就翻面。挖空部分的麵糰，也可以下鍋一起炸。
10 將炸好的甜甜圈撈起來，放在鋪好烘焙紙的容器裡，吸掉多餘的油分，最後撒點細糖粉，即完成。

表達對你的感謝

蘋果布丁蛋糕

這是一款卡士達風味蛋糕和蘋果一起烘烤而成的蘋果布丁蛋糕，加入了用奶油煎得鬆軟的蘋果，還有外酥內嫩的香甜布丁，好吃極了。這也是一種法國的傳統甜點。

剛出爐的時候好吃，但我更建議，做好了放一下，之後再熱來吃。在冷冷的季節中，最開心的就是在家裡準備這款蘋果布丁蛋糕，隨時能吃。加一球冰淇淋，就成了豪華的宴客點心。

●材料（方便製作的份量）

蘋果……3顆　甜菜糖……30g
無鹽奶油……30g

蛋糕材料（小型耐熱容器2盤份）

香草莢……1根份　鮮奶……100cc
（香草莢醬亦可）　鮮奶油……100cc
低筋麵粉……60g　啤酒……100cc
甜菜糖……60g　蛋……3顆

●作法

1 將蘋果去芯，削皮後，切成寬2公分的薄片。

2 在平底鍋裡加入奶油，融化之後加入蘋果片、甜菜糖，以小火煎到蘋果片上色。

3 在耐熱容器內側塗上奶油（標示份量之外），撒滿甜菜糖（標示份量之外）。

4 製作蛋糕。在調理盆裡加入低筋麵粉、香草莢、甜菜糖攪拌均勻。取另一只盆，將蛋打勻後，把蛋液加入粉類的調理盆，攪拌均勻。

5 加入鮮奶和鮮奶油，繼續攪拌，最後加入啤酒稍微拌一下，蛋糕麵糊即完成。

6 把煎好的蘋果片排在耐熱容器底部，然後倒入蛋糕麵糊。

7 以190度預熱的烤箱，烘烤40分鐘即完成。

8 放涼一會兒，讓膨脹的蛋糕體稍微收縮後，再切片吃。冷了之後，用微波爐加熱會更好吃。

兼具美感與美味

生乳酪蛋糕

優格、奶油乳酪和鮮奶油，是感情非常好的食材。攪拌均勻凝固之後，就會變得鬆軟滑順，呈現很有深度的白色色調，宛如白色珊瑚。加上用巧克力餅乾做的基底，就成了擁有黑白對比、外觀美麗的生乳酪蛋糕。光看不吃，也讓人賞心悅目，百看不厭。外觀也是美食不可或缺的一環。

做生乳酪蛋糕時，事先的準備很重要。優格要瀝掉水分、材料要先靜置回溫到室溫融化備用、工具準備齊全。先注意這幾點，接下來只要仔細攪拌均勻，將材料倒入模型中，放到冰箱裡冷藏凝固就行了。

●材料（15公分方形中空蛋糕模1個份）

優格……400g
（瀝乾水分之前）
奶油乳酪……200g
鮮奶油（乳脂肪47％）
……200g
細砂糖……60g
吉利丁片……4g
無鹽奶油……30g
檸檬汁……1小匙
巧克力餅乾……10片
烘焙紙……適量

●作法

1 事先準備。優格靜置3小時左右，（以瀝水器或是咖啡濾杯）完全瀝乾水分到剩下一半的量。
2 將餅乾放到塑膠袋裡，壓碎之後，用來做蛋糕底。
3 吉利丁片泡水10分鐘變軟後，瀝掉水分，以隔水加熱的方式融化。
4 以隔水加熱的方式，將奶油融化。
5 在調理盆裡攪拌奶油乳酪，加入細砂糖之後，繼續拌勻。
6 在奶油乳酪裡加入融化的吉利丁攪拌，接著再加入融化的奶油繼續拌勻。陸續加入鮮奶油、檸檬汁、優格，仔細充分攪拌均勻。
7 配合蛋糕模的大小，剪一塊烘焙紙，把蛋糕模放在紙上。
8 在蛋糕模底部平均鋪上蛋糕底的餅乾，然後將乳酪蛋糕麵糊倒上去。用橡皮刮刀將表面抹平。
9 蓋上保鮮膜，放進冰箱冷藏3小時。
10 以熱毛巾圍在蛋糕模周圍，慢慢脫膜。

表現良好的獎勵

炸麵包

炸麵包是有良好表現時，或是努力過後，獎勵自己的小點心。

把熱狗麵包炸得酥脆，趁熱裹上糖粉。表面上有一層閃閃發亮糖粉的炸麵包，光看了都讓人感到幸福滿分。把麵包放進高溫油鍋裡，不斷翻面油炸，還有趁熱撒上大量糖粉，這些都是美味的祕訣。使用過的炸油仍然很乾淨，可以繼續用來做其他菜。

●材料（2人份）

熱狗麵包……2個

細砂糖……50g

炸油……適量

●作法

1 在鍋子裡倒入可以蓋住麵包2/3的炸油。

2 炸油加熱到180度，放入麵包，用調理筷持續翻面油炸1分鐘。炸麵包時建議一次炸一個比較好。至於如何判斷180度的油溫？只要將調理筷插入油鍋內，看見前端開始冒出小泡泡時，就代表油溫夠高了。

3 麵包炸好之後，撈起來放在鋪有瀝油網或是烘焙紙的調理盤上，瀝掉過多的油分。

4 瀝油之後，趁熱將麵包放入撒了細砂糖的調理盤裡，將麵包表面裹滿糖即完成。也可以放進塑膠袋裡裹糖。

＊熱狗麵包挑小一點的比較好炸。

將黃豆粉和細砂糖以1：3的比例混合，裹在麵包表面，就成了黃豆粉口味的炸麵包。

香甜鬆軟
拔絲地瓜

小的時候，每次去祖母家玩，她都會做拔絲地瓜給我吃。那股用醬油和味醂熬煮出來的撲鼻甜香，令人難忘。剛做好時，鬆軟的口感，更讓人食指大動，垂涎三尺。

祖母用的是太陽曬過的地瓜。多了這道工夫做出來的拔絲地瓜，比任何零食和蛋糕甜點都香甜好吃。

我試圖回憶祖母的味道，自己嘗試做做看。我用微波爐代替日曬，為了讓孩子方便吃而切得小塊，是一道充滿愛的健康點心。

●材料（4人份）

地瓜……1條
砂糖……2大匙
味醂……2大匙
醬油……2小匙
黑芝麻……1撮
鹽……1撮
炸油……適量

●作法

1 以削皮刀削去厚厚一層地瓜皮，切成方便食用大小的滾刀塊，浸泡在水中5分鐘。
2 以廚房紙巾充分擦去地瓜塊上的水分。
3 將地瓜用微波爐以600W加熱2分鐘。
4 將地瓜放進鍋子裡，倒入稍微可以淹過地瓜的炸油，以小火炸5分鐘。
5 在平底鍋裡加熱砂糖、味醂、醬油，以小火加熱，一邊攪拌，煮沸後開始冒泡泡時，加入地瓜，在表面裹上糖液。
6 待地瓜表面出現光澤之後關火，撒上黑芝麻和鹽即完成。

事先用微波爐加熱，地瓜就會像日曬的效果一樣，吃起來口感鬆軟。

想要每天都吃到
馬鈴薯餅

芋餅，在北海道也稱作芋丸子。在過去糯米栽種得不普及的時代，會用產量較大的馬鈴薯和南瓜來做餅，日本各地也會使用各種不同薯芋等根莖類植物來做芋餅。

這次介紹的是不使用太白粉，單純用馬鈴薯磨泥做成的烤馬鈴薯餅。剛出爐時，熱呼呼的超好吃，是每天吃也吃不膩的小點心。

●材料（2人份）

馬鈴薯……2顆
鹽……1撮
黑胡椒……1撮
沙拉油……適量

●作法

1 先將馬鈴薯削皮。
2 用磨板將馬鈴薯磨成泥，加入鹽和黑胡椒。
3 在中火熱鍋的平底鍋中，加入稍多的沙拉油，用湯匙挖起馬鈴薯泥，捏成圓球狀下鍋煎，有點邊煎邊炸的感覺。
4 前3分鐘左右，蓋上鍋蓋燜一下。掀開鍋蓋時可能會有油飛濺，要特別小心。
5 翻面後，再煎到表面微焦上色。最後依個人喜好撒點鹽，或是沾美乃滋、番茄醬等一起吃。

＊馬鈴薯餅下鍋之後，也可以在表面沾上乳酪、堅果或玉米一起煎，就能享受更多樣的美味。

吃起來外層酥脆，裡頭Q彈。

好吃到停不下來
乳酪堅果

乳酪堅果就是在堅果表面裹上乳酪粉，再進烤箱慢烤製成的點心。撒點黑胡椒，更添風味，好吃得不得了。

一次做多一點放起來，可以拌入沙拉，或是當其他料理的配菜，非常方便。不過，最棒的還是當作葡萄酒的下酒小點吧！要小心的是，因為實在太好吃，經常一吃就停不下來。辦派對或是宴客時，更是一道能讓賓主盡歡的小點心。

●材料（2人份）

綜合堅果（無鹽）……250g
乳酪粉……80g
蛋白……1顆份
鹽……1/2小匙
黑胡椒……適量

●作法

1 堅果用160度預熱好的烤箱烘烤10分鐘。
2 將剛烤好的堅果和乳酪粉，放進調理盆裡攪拌均勻。堅果的熱會讓乳酪粉融化，裹在堅果表面。
3 把打散的蛋白淋在堅果上，攪拌均勻。再將堅果排放在鋪有烘焙紙的烤盤上，放進烤箱，以160度烘烤20分鐘。
4 烤10分鐘後，暫停烤箱，攪拌一下讓堅果受熱均勻，繼續再烤10分鐘。
5 堅果在烤盤上放涼之後，撒點鹽和黑胡椒，拌勻之後即完成。

非常適合搭配葡萄酒的乳酪堅果。再淋點蜂蜜會好吃到讓人嚇一跳。

香甜濃郁，家庭常備

焦糖醬

焦糖醬這款萬用點心淋醬，可以讓平常吃慣的點心變得更美味。無論麵包、甜甜圈、司康、蛋糕或水果，隨心所欲搭配都好吃。作法也非常簡單。熱牛奶或咖啡裡也可以加一點，在淡淡的苦味襯托下，特別突顯美味。

●**材料**（方便製作的份量）

細砂糖……150g
水……60cc
奶油……50g
鮮奶油（乳脂肪35％）……100cc

●**作法**

1 在平底鍋裡加入細砂糖和水，以大火煮到呈糖漿狀後，調成小火。
2 糖漿煮到變成淡淡褐色之後關火。
3 以餘熱讓奶油融化，和糖漿拌勻。
4 取另一只鍋子，以小火慢慢加熱鮮奶油備用。
5 將加熱後的鮮奶油分3次加入步驟3的鍋中拌勻。
6 充分攪拌造成乳化，再過濾後即完成。
＊可以常溫保存。變硬的話，可在使用之前隔水加熱。

將加熱後的焦糖醬淋在冰淇淋上，美味爆表！

想讓小孩吃的零嘴

蘋果乾

蘋果富含膳食纖維中的果膠，能調整腸道環境。有句諺語說，「一天一蘋果，醫生遠離我。」小時候，每到秋天，經常就大口大口啃著當季的好吃蘋果。

花點小工夫，用蘋果做一道點心吧。把蘋果切成薄片，放進烤箱裡烤，做成蘋果乾。依據不同的切法和烘烤的火候，就能做出乾乾脆脆或稍微濕潤的果乾。單吃之外也可以搭配麥片、沙拉、優格一起吃，非常方便。當作便當的配菜，一定也會讓孩子很開心。是一款想讓孩子吃的零嘴。

●材料（2人份）

蘋果……1顆

●作法

1 將蘋果以水沖洗乾淨。

2 蘋果先對半縱切，再將一半切成四等分。去芯後切成3公釐的薄片。

3 把蘋果片排放在鋪有烘焙紙的烤盤上，留意不要重疊。需用兩個烤盤。

4 放進烤箱，以120度烘烤1小時30分鐘。

5 從烤箱拿出來，將蘋果片翻面後放涼，靜置約5分鐘即完成。

以蘋果直接烘烤，是能放心讓孩子吃的零嘴。請各位一定要試試看。

宛如魔法
堅果糖

堅果不但營養豐富，還有抑制吸收膽固醇，以及美膚、抗老的功效。用富含礦物質的楓糖漿和堅果一起熬煮，再撒點鹽，就能做出香香脆脆的堅果糖。簡單的作法，卻宛如施了魔法一樣，好吃得不得了，令人感動。除了作為平常的小零嘴，當成伴手禮，也會讓對方喜歡。

●材料（2人份）

綜合堅果（無鹽）……100g
純楓糖漿……100g
天然鹽……1/2小匙
橄欖油……1/2小匙

●作法

1 將堅果放入平底鍋內，以小火乾煎2分鐘，留意不要燒焦。煎好之後，倒進調理盆裡。

2 將楓糖漿倒入平底鍋裡，以小火煮沸2分鐘，煮到開始冒泡泡。

3 在熬煮的楓糖漿裡加入堅果，輕輕攪拌，然後立刻加入橄欖油。

4 用小火邊加熱邊攪拌，留意不要燒焦，熬煮約4分鐘。等到開始變成糖膏狀，用調理筷攪拌可以看到平底鍋底部時，就倒進調理盤中（或是鋪了烘焙紙的盤子）。

5 立刻撒點鹽，然後以調理筷持續攪拌，把堅果分散排開，不要黏在一塊兒，就完成了。要裝進密封罐保存的話，必須等到完全放涼才裝罐。

＊要是調理盤上沾了楓糖漿，倒入熱水靜置一下就行了。

鹽味是非常棒的提味，好吃到會讓人上癮。搭配葡萄酒也很棒。

關鍵在焦糖

布丁

●材料（20公分的布丁模型1個份）

蛋……3顆
蛋黃……3顆份
鮮奶……300cc
鮮奶油（乳脂肪45％）……100cc
細砂糖……250g
香草莢……1/2根

●作法

1 用菜刀在香草莢的豆莢一側縱劃幾刀。
2 在鍋子裡加入鮮奶、鮮奶油、香草莢，加熱到60度左右關火，靜置放涼。
3 放涼到常溫之後，取出香草莢，從劃開的地方剝開，以湯匙刮出香草籽。記得要攪拌均勻，不要讓香草籽在液體中結塊。
4 製作焦糖醬。在小鍋子裡加入細砂糖100g，鋪滿鍋底，以中火加熱。
5 等細砂糖融化，冒出大泡泡以及蒸氣，變成液態之後，就將鍋子從爐火上移開，避免溫度上升過高，同時等待液體變成焦糖色。焦糖醬做好之後，趁熱倒入模型底部。
6 在調理盆加入全蛋和蛋黃，用打蛋器輕輕打勻，加入150g的細砂糖，繼續攪拌。
7 將步驟3鍋子裡的液體，分幾次加入步驟6的調理盆中，拌勻之後，倒入另一只放了篩網過濾的調理盆裡。
8 在過濾後的布丁液體表面蓋上一層保鮮膜，然後慢慢撕掉，藉此去除表面上的小泡泡，然後慢慢將布丁液體倒入模型裡。
9 找一個比模型大一點，而且深度較深、能遮住模型一半的調理盤，在盤子上鋪兩層烘焙紙，再放上布丁模型。在大盆子裡倒入模型高度1/3左右的熱水。
10 放入以170度預熱的烤箱裡，烤50分鐘。
11 烤好的布丁放到網架上，放涼之後，放入冰箱冷藏3小時。
12 以刀子沿著模型劃一圈，再拿一只比模型大的盤子蓋住之後倒扣，把布丁裝到盤子上。由於焦糖含了布丁的水分後分量會增加，要是盤子太小會溢出來，要特別留意。

＊依照喜好切成想要的大小，用湯匙舀點焦糖醬，淋在布丁上，就可以開動了。

早上喝的溫果汁

溫熱柳橙汁

早晨覺得有點涼意時，或是好像快感冒了，沒什麼食慾，又或者吃太飽的隔天……遇到這種狀況，要不要來一杯熱呼呼的溫熱柳橙汁呢？

只需要搭配薑和蜂蜜，慢慢加熱，就是簡單又好喝的健康飲料。邊吹涼邊喝，熱呼呼的柳橙汁，如此美味，保證讓人一喝就上癮。

這款果汁是住在加拿大的朋友教我的，那裡的冬天冷得不得了，很推薦大家在寒冷的早晨來一杯。感冒時喝了也很舒服，還有絕佳的美膚效果。

●材料（2杯份）

100％柳橙原汁……300cc

薑……20～30g

蜂蜜……1小匙

●作法

1 將薑削皮之後，切成薄片。

2 將柳橙汁、薑片、蜂蜜加到鍋子裡，以小火加熱5分鐘，不要煮沸。薑片的量可以依照個人喜好調整。

3 拿掉薑片後，將果汁倒進杯子裡就可以了。

這款果汁含有豐富的維他命C，還能讓身體從體內暖起來。溫熱的柳橙汁，小朋友一定也會喜歡。想要消除疲勞時，也推薦來一杯。

給最愛的你
巧克力薄片

加入果乾、堅果，就是多采多姿的巧克力薄片。這是一種將巧克力做成薄片狀（bark也就是「樹皮」的意思）的美式經典甜點。這次做的是兩層巧克力，可以把葡萄乾、杏桃乾和橘皮像繪畫般散開，另外再加些堅果點綴口感。

美式作風是直接用手折成小塊，但用刀切得整齊，看起來每一塊的配料都呈現不同風貌，也顯得更加美麗，不僅可以拿來宴客，在情人節時送給重視、心愛的人，一定會讓對方很高興。

●**材料**（方便製作的份量）

製作點心專用的巧克力……160g
製作點心專用的白巧克力……160g
葡萄乾……適量
杏桃乾……適量
橘皮……適量
無鹽堅果（杏仁、腰果、胡桃）……適量

●**作法**

1 先將巧克力和白巧克力切碎。
2 接著把杏桃乾、橘皮、堅果切碎。
3 先以隔水加熱的方式將巧克力融化。
4 在調理盤（大約25公分×19公分）上鋪好烘焙紙。如果可以先在內側抹點沙拉油，讓烘焙紙能服貼在調理盤上更好。
5 將融化的巧克力倒入調理盤裡，均勻攤平，稍微放涼之後，放進冰箱冷卻30分鐘。
6 以隔水加熱的方式，將白巧克力融化。
7 將融化的白巧克力倒在冷卻變硬的巧克力上，均勻攤平。
8 在白巧克力的表面均勻撒上杏桃乾、葡萄乾、橘皮、堅果，用手指壓實。每種果乾與堅果的量可隨個人喜好調整。
9 放進冰箱冷藏1小時，讓巧克力變硬。
10 固定之後，切成喜歡的大小即完成。

營養豐富，滿滿食物纖維

椰棗巧克力

在中東各國，自古被當作健康食材、深受大眾喜愛的椰棗，有「膳食纖維寶庫」之稱，除此還有豐富的鐵質、鈣質、鉀等礦物質，含量在各類果實中數一數二。此外，搭配堅果一起吃的話，堅果風味可以中和椰棗的甜，更提高了營養價值。另一方面，還具有整腸效果，是值得推薦的瘦身食品。

想不想試試看用椰棗夾堅果，然後在外層裹上巧克力的小點心呢？作法其實很簡單。在椰棗宛如果凍的軟嫩口感中，帶著堅果的芳香，和巧克力的風味搭配，更顯美味。無論當作待客小點，或是當成禮物，都很推薦。

●材料（方便製作的份量）

椰棗乾（去籽）……9顆

製作甜點專用的巧克力（依個人喜好）……50g

無鹽堅果（杏仁、腰果、胡桃）……適量

●作法

1 將巧克力切碎，以隔水加熱方式融化。

2 把堅果切成能夾進椰棗的大小。

3 在椰棗表面劃一刀，稍微撐開。

4 把堅果夾進椰棗裡，放進裝有融化巧克力的調理盆裡。

5 整顆椰棗表面完全裹上巧克力之後，排放在鋪有烘焙紙的調理盤上。

6 放進冰箱冷藏30分鐘左右即完成。

要當作禮物的話，可以用剪成小張的烘焙紙，像糖果一樣包起來。用巧克力包裹的椰棗加堅果，也建議使用白巧克力。

閃亮甜美的珠寶

柑橘果醬

建議各位，一定要嘗試做做看柑橘果醬。我只能說，在這個過程中，能讓人了解柑橘果醬有多美好。切得薄薄的橘子皮、鮮榨果汁、水和細砂糖，還有少量檸檬汁，只要將這些材料慢慢熬煮，竟然就蘊藏了這麼深刻的感動！

●材料（方便製作的份量）

日向夏蜜柑……5顆　細砂糖……依照比例計算

檸檬汁……1/2顆份　水……依照比例計算

●作法

1 將蜜柑的表面清洗乾淨。

2 蜜柑切半，將榨出的果汁倒入調理盆裡，加入檸檬汁製作果汁，並量秤重量。

3 把榨完汁的蜜柑果肉都挖乾淨，把皮切成寬2～3公釐的薄片。

4 準備另一只調理盆，盛大量的水，把蜜柑皮放進水裡，泡2小時。

5 把水倒掉，再把蜜柑皮放進大量乾淨的水中，用小火煮20分鐘。

6 等到蜜柑皮煮到變成白色、變軟後，撈起來秤重。

7 備好與果汁、蜜柑皮、橘皮等量的水。計算這些材料的總重量，準備這個重量一半的細砂糖。

8 在鍋子裡加入果汁、蜜柑皮、水和細砂糖，以中火熬煮45分鐘。過程中浮出浮泡雜質就撈掉，並且要不停攪拌，留意不要燒焦。

9 熬煮到總量剩下原本的7成左右。觀察到熬煮的聲音不同，而且冒出較大的泡泡時，就舀少量到盤子裡，放涼之後，確認一下黏稠程度。等到黏稠程度恰到好處時就關火，裝進經過煮沸消毒的果醬瓶等密封容器中，即完成。

冷卻之後會變硬，像糖果一樣，外觀亮晶晶。如果加了蜜柑籽一起煮，讓果醬凝固的果膠會變多。這次的作法裡並沒有加入蜜柑籽，各位可憑個人喜好決定。

果醬代表的微小奢華享受

我迷上了做果醬。

從來沒想到，到了這把年紀，還能因為做果醬這麼簡單卻有深度的一件事，讓自己的生活變得如此多采多姿。

其實，平常我沒那麼愛吃水果，不過自從開始用草莓、藍莓、杏子、蘋果、柑橘等當季水果來做果醬之後，現在一到超市，我就會開始物色有哪些水果，是不是能用來做果醬。拜果醬之賜，我現在成了一個愛水果的人。

話說回來，拿新鮮水果來做果醬，感覺好奢華，對果農也有些過意不去。不過，用新鮮的當季水果製成的果醬，真的超好吃！我實在戒不了這個習慣，對不起。

果醬要經過熬煮，說起來就是一種燉煮料理。這麼一想，就覺得開始做果醬之後，似乎連自己的廚藝都精進了。

而且，用來招待賓客也很方便，或是裝在瓶子裡餽贈朋友，收到的人也會很開心。因為果醬可以保存很久，家裡有多的也無所謂。

每天早上，我都會在餐桌放上三、四種果醬，搭配穀片一起吃，或者抹吐司，還是直接吃都可以。如果有蜂蜜的話，果醬和蜂蜜的組合更是教人無法抗拒。

早上出神地望著餐桌上那一排自製果醬，就會感受到一股微小的幸福。雖然是這麼枝微末節的小事，心中卻清楚了解自製果醬的奢華感。

很多外國的果醬罐上的標籤都很漂亮，我都只把空罐洗乾淨，留下標籤，繼續使用。

不是「那一刻」，而是「點滴持續」。

我思考著「餘韻」這回事，發現任何事情的「餘韻」都很重要。就拿最簡單易懂的料理來說明。一入口就能馬上分辨味道的料理，如果調味夠重，甜味或鹹味很明顯的話，經常只有吃的時候確實覺得好吃；但吃完之後，過了很久，口中始終殘留著味道不散去，就是一般認為「膩口」的感覺吧。

我曾聽說，料理的美味，最好是入口時清淡到無法立刻感覺是什麼樣的味道，必須要用其他像是鼻子、舌頭、喉嚨的感覺，靠一己之力來探索味道，一旦發現時才會覺得「好吃」！此外，真正的美味是在吃完之後，仍能持續感受到令人滿足的味道。

我心想，如果美味可以分成「那一刻」跟「點滴持續」兩種的話，我毫不猶豫會選擇後者。比起「那一刻」來說，能夠「點滴持續」更棒。無論為自己，或為家人朋友，我都想做出這種感覺的料理。我希望能做出餘韻迷人的美味料理。

雖然不能一概而論，但，我想這會因為做菜的人不同的心態而改變。差別在於，是希望對方吃的時候感覺好吃呢，還是要做出吃完之後令人回味無窮的料理。此外，是只想讓對方填飽肚子呢？或是連心靈都感到滿足？這兩者之間也有差別。

不僅作菜，無論在工作、生活、人際關係上，迷人的餘韻都一樣重要。不要只顧「那一刻」，而是要讓自己真誠的心「點滴持續」留下來。我希望自己當個認真思考「餘韻」的人。

■日日好食／19

明天，要吃什麼好呢？

松浦彌太郎的私房美味手札
明日、何を作ろう

作　　者：松浦彌太郎（松浦 弥太郎）
譯　　者：葉韋利
主　　編：楊雅惠
校　　對：楊雅惠、吳如惠
封面設計：三人制創
視覺構成：陳語萱

發 行 人：洪祺祥
副總經理：洪偉傑
副總編輯：謝美玲
法律顧問：建大法律事務所
財務顧問：高威會計師事務所
出　　版：日月文化出版股份有限公司
製　　作：山岳文化
地　　址：台北市信義路三段151號8樓
電　　話：(02)2708-5509
傳　　真：(02)2708-6157
客服信箱：service@heliopolis.com.tw
網　　址：www.heliopolis.com.tw
郵撥帳號：19716071 日月文化出版股份有限公司

總 經 銷：聯合發行股份有限公司
電　　話：(02)2917-8022
傳　　真：(02)2915-7212
印　　刷：禾耕彩色印刷事業有限公司
初　　版：2019年9月
初版五刷：2019年10月
定　　價：320元
I S B N ：978-986-248-834-8

國家圖書館出版品預行編目資料

明天，要吃什麼好呢？：松浦彌太郎的私房美味手札／松浦彌太郎著；葉韋利譯. -- 初版. -- 臺北市：日月文化，2019.09
160面；14.7X21公分. -- (日日好食；19)
譯自：明日、何を作ろう
ISBN 978-986-248-834-8(平裝)

1.食譜 2.烹飪

427.1　　108013063